实用服装技术书系

服装裁剪与缝纫

轻松入门

刘建平 编著

化学工业出版社

·北京·

本书是作者依据从事服装生产技术工作和服装教学三十多年来的经验而编写,详细介绍了服装裁剪、缝纫技术操作的全部过程。具体内容包括服装基础知识、电动平缝机介绍、电动平缝机的使用方法、电动平缝机基础缝纫练习、缝纫不同面料的工艺要求、服装裁剪与缝纫、服装缝型标准与实例分析、服装局部款式图例介绍、缝纫工就业上岗各项制度、服装企业招工考试考题实例。

本书内容通俗易懂,图文对照,每一个款式的学习均是从零起步,让没有基础的学员通过自学就能初步掌握服装裁剪和缝纫技术。本书可作为服装裁剪缝纫技能教学、服装业务员学习服装技术的教材,也可供从事服装行业的技术人员及服装院校师生参考使用。

图书在版编目(CIP)数据

服装裁剪与缝纫轻松入门 /刘建平编著. —北京:
化学工业出版社,2011.5(2024.4重印)
实用服装技术书系
ISBN 978-7-122-10642-1

Ⅰ.服… Ⅱ.刘… Ⅲ.①服装量裁②服装缝制
Ⅳ.TS941.63

中国版本图书馆 CIP 数据核字(2011)第 032381 号

责任编辑:王蔚霞　　　　　　　　　　　　　文字编辑:谢蓉蓉
责任校对:蒋　宇　　　　　　　　　　　　　装帧设计:尹琳琳

出版发行:化学工业出版社(北京市东城区青年湖南街 13 号　　邮政编码 100011)
印　　装:大厂聚鑫印刷有限责任公司
787mm×1092mm　1/16　印张 15　字数 349 千字　　2024 年 4 月北京第 1 版第 21 次印刷

购书咨询:010-64518888　　　　　　　　　售后服务:010-64518899
网　　址:http://www.cip.com.cn
凡购买本书,如有缺损质量问题,本社销售中心负责调换。

定　　价:38.00 元

随着我国服装生产行业的蓬勃发展，服装出口贸易、品牌设计与服装内销生产市场的发展也越来越快，这既给我国服装产业带来机遇，同时也带来了与国际市场的竞争与挑战。在服装业繁荣兴旺的同时，各服装生产企业和外贸出口公司也凸显出服装专业技术人员、服装技能工人及懂得服装专业知识的外贸业务员这类人才短缺情况。目前许多服装企业都缺少大量的服装技能操作工和服装技术工艺人员，致使外贸服装加工出口业受到一定的影响。服装企业用工荒和社会就业难的矛盾问题越来越受到社会的广泛关注。现有许多服装专业大学生、中专生毕业后找不到工作，不是缺少学历，而是缺少实用技能，须经过服装专业技术培训，才能把在学校所学的理论知识与实用操作技术结合起来，达到就业水平。而社会上许多待业青年、下岗职工和农民工只要经过短期技能培训，掌握服装流水线操作技能，就能直接上岗，明显反映出技能培训对就业直接挂钩的推动作用。根据这一现况，本人结合三十多年的服装技术学校教学经验，总结各类学员的学习需求，编写了本书。从实用性出发，以零为起点，由浅入深，图文并茂，易学易懂，书中配有许多图例，均是作者参照实物缝制过程手工绘制。

本书的最大特点：①将服装裁剪步骤一步步分解，图文对照，简而易懂，让没有任何基础的学员通过自学就能掌握服装裁剪与缝纫技能，同时也给社会一些需要自学服装技能者提供了一本无师自通的学习教材。②本书介绍了服装生产线电动缝纫工的裁剪知识、电动缝纫操作技术、就业考试练习、员工进厂须知、工厂规章制度等知识，是服装教学办班授艺的首选教材。③本书也可作为外贸服装公司业务员学习服装裁剪缝纫技术和生产工艺知识及服装技术术语、服装部位名称难得的自学材料。还可供给各类服装院校师生参考。

本书在编写过程中得到了江苏省南通市跃龙服装技术学校老师的协助，其中朱春兰、葛建仪、朱建琴、阚红缨、刘帅、朱伟伟、刘明珠、周斌、奚铭芳、刘兰、周良泉、朱拥华、赵要英、陈军、周一烽、刘锦珠、刘晓珠等协助收集资料和文字整理工作。

感谢南通市服装商会顾军华会长在本书编写过程中给予的指导。同时感谢南通市多家外贸服装公司和外贸服装企业的领导给予的大力支持。

本书在编写过程中如有不足之处，恳请读者予以批评指正。

编著者　刘建平

完稿于江苏省南通市跃龙服装技术学校

服装技术学习咨询：13809081891（微信同号）

2011 年 8 月

第一章　服装基础知识

第一节　服装制图裁剪基础知识　　　　　　　　　　　　2
　一、服装制图裁剪常用工具　　　　　　　　　　　　2
　二、服装结构制图线名称与用途　　　　　　　　　　4
　三、服装结构制图符号　　　　　　　　　　　　　　4
　四、常用服装专业技术术语　　　　　　　　　　　　5
　五、服装结构制图代号　　　　　　　　　　　　　　11
　六、服装号型系列参考尺寸　　　　　　　　　　　　12
第二节　服装测量基础知识　　　　　　　　　　　　　17
　一、人体测量部位与方法　　　　　　　　　　　　　17
　二、服装成衣测量部位与方法　　　　　　　　　　　19
　三、服装衣片部位线条名称　　　　　　　　　　　　22
　四、男式服装长度测量标准、围度放松量　　　　　　26
　五、女式服装长度测量标准、围度放松量　　　　　　27
　六、服装成品测量方法与允许偏差　　　　　　　　　28
第三节　服装常用面料知识　　　　　　　　　　　　　29
　一、一般服装面料的分类　　　　　　　　　　　　　29
　二、一般服装面料的特点　　　　　　　　　　　　　29
　三、如何识别面料的倒顺　　　　　　　　　　　　　30
　四、如何识别面料的正反面　　　　　　　　　　　　31
　五、服装面料丝缕与服装裁剪的关系　　　　　　　　32
　六、各类服装面料的缩水率　　　　　　　　　　　　34
第四节　其他基础知识　　　　　　　　　　　　　　　35
　一、省和褶的基本种类与作用　　　　　　　　　　　35
　二、缝针的规格与用途　　　　　　　　　　　　　　36

第二章　电动平缝机介绍

第一节　电动平缝机的结构与功能　　　　　　　　　　39
　一、认识电动平缝机　　　　　　　　　　　　　　　39
　二、电动平缝机的基本结构　　　　　　　　　　　　39
　三、电动平缝机的主要名称与功能　　　　　　　　　39
第二节　电动平缝机的使用　　　　　　　　　　　　　41
　一、电动平缝机机针的安装方法　　　　　　　　　　41
　二、电动平缝机压脚的安装方法　　　　　　　　　　41
　三、电动平缝机面线的穿法　　　　　　　　　　　　42
　四、电动平缝机梭芯的做法　　　　　　　　　　　　42
　五、电动平缝机梭芯的装法　　　　　　　　　　　　42

六、电动平缝机梭壳的装法   43

七、电动平缝机压脚压力的调整   43

八、电动平缝机线迹的调整   43

45-51

第三章　电动平缝机的使用方法

第一节　电动平缝机的基础操作   46

一、椅子的高度标准   46

二、电动平缝机台面的高度标准   46

三、电动平缝机压脚操纵杆的高度标准   47

四、操作电动平缝机的坐姿   47

五、操作电动平缝机双手放置的位置   47

六、操作电动平缝机双脚放置于踏脚板的位置   47

七、电动平缝机踏脚板的控制与缝纫速度   49

第二节　电动平缝机基础知识与练习   49

一、电动平缝机开启和关闭动作与练习   49

二、电动平缝机装机针方法与练习   49

三、电动平缝机装压脚方法与练习   49

四、电动平缝机穿线顺序与练习   49

五、电动平缝机缝纫和刹车方法与练习（空车、
不装针、不穿线、不装梭芯、不压压脚）   50

六、电动平缝机压脚操纵杆使用方法与练习   50

七、电动平缝机回针操作方法与练习   50

八、电动平缝机手、脚、眼配合   50

九、缝纫线距尺寸判断练习方法与练习   51

52-67

第四章　电动平缝机基础缝纫练习

第一节　基础缝纫练习   53

一、电动平缝机基本运转练习   53

二、由压脚判断缝纫宽度   53

三、直线练习   53

四、曲线练习   56

五、正方形练习   57

六、圆弧形练习   58

七、倒回针练习   59

八、英文字母图形练习   60

九、快速缝纫练习   61

第二节　基础缝纫方法   62

一、平缝缝纫方法   62

二、扣压缝缝纫方法　　　62

三、卷边缝缝纫方法　　　62

四、别绲缝缝纫方法　　　63

五、外包缝缝纫方法　　　63

六、内包缝缝纫方法　　　64

七、漏落缝缝纫方法　　　64

八、咬合缝缝纫方法　　　65

九、坐绲缝缝纫方法　　　65

十、搭缝缝纫方法　　　65

十一、来去缝缝纫方法　　　66

68-71

第五章　缝纫不同面料的工艺要求

一、缝纫针织面料的工艺要求　　　69

二、缝纫轻薄面料的工艺要求　　　69

三、缝纫花边织物的工艺要求　　　69

四、缝纫丝绒面料的工艺要求　　　69

五、缝纫纱织面料的工艺要求　　　70

六、缝纫直贡缎和塔夫绸面料的工艺要求　　　70

七、缝纫锦缎面料的工艺要求　　　70

八、缝纫人造毛皮的工艺要求　　　70

九、缝纫蜡光布和乙烯基织物的工艺要求　　　70

十、缝纫楞纹织物的工艺要求　　　71

十一、缝纫双面织物的工艺要求　　　71

72-182

第六章　服装裁剪与缝纫

第一节　男长裤的裁剪与缝纫　　　73

一、男长裤裁剪制图　　　74

二、男长裤放缝标准　　　78

三、男长裤排料范例　　　79

四、男长裤缝制工艺流程　　　80

五、男长裤缝纫方法与步骤　　　81

第二节　女衬衫的裁剪与缝纫　　　86

一、女衬衫裁剪制图　　　87

二、女衬衫放缝标准　　　93

三、女衬衫排料范例　　　94

四、女衬衫缝制工艺流程　　　95

五、女衬衫缝纫方法与步骤　　　95

第三节　男衬衫的裁剪与缝纫　　　100

一、男衬衫裁剪制图   101
二、男衬衫放缝标准   106
三、男衬衫排料范例   107
四、男衬衫缝制工艺流程   108
五、男衬衫缝纫方法与步骤   109

第四节 A字裙的裁剪与缝纫   113
一、A字裙裁剪制图   114
二、A字裙放缝标准   117
三、A字裙排料范例   118
四、A字裙缝制工艺流程   119
五、A字裙缝纫方法与步骤   120

第五节 连衣裙的裁剪与缝纫   123
一、连衣裙裁剪制图   124
二、连衣裙放缝标准   129
三、连衣裙排料范例   130
四、连衣裙缝制工艺流程   131
五、连衣裙缝纫方法与步骤   132

第六节 男马夹的裁剪与缝纫   136
一、男马夹裁剪制图   137
二、男马夹放缝标准   141
三、男马夹排料范例   141
四、男马夹缝制工艺流程   142
五、男马夹缝纫方法与步骤   143

第七节 男茄克衫的裁剪与缝纫   149
一、男茄克衫裁剪制图   150
二、男茄克衫放缝标准   156
三、男茄克衫排料范例   157
四、男茄克衫缝制工艺流程   158
五、男茄克衫缝纫方法与步骤   159

第八节 单排扣女西装的裁剪与缝纫   166
一、单排扣女西装裁剪与制图   166
二、单排扣女西装放缝标准   173
三、单排扣女西装排料范例   174
四、单排扣女西装用衬布部位   175
五、单排扣女西装缝制工艺流程   176
六、单排扣女西装缝纫方法与步骤   177

183-188

第七章　服装缝型标准与实例分析

第一节 缝型标准类型   184
第二节 常用服装缝型符号及图示   185
第三节 休闲短裤缝型图示分析范例   188

189-208

第八章　服装局部款式图例介绍

第一节　领型款式图例　190
第二节　袖子款式图例　193
第三节　上装下摆款式图例　195
第四节　衬衫克夫款式图例　197
第五节　裤前袋款式图例　199
第六节　裤后袋款式图例　201
第七节　裤腰款式图例　202
第八节　贴袋款式图例　203

209-216

第九章　缝纫操作工进厂须知和企业管理制度

第一节　缝纫操作工进厂须知　210
　一、给新员工的寄语　210
　二、做一名合格员工所具备的基本条件　211
第二节　服装企业管理制度　212
　一、缝纫操作工岗位责任制度　212
　二、缝纫产品质量管理制度　214
　三、员工安全卫生制度　214
　四、员工考勤制度　215
　五、设备使用及维护制度　215
　六、员工食堂用餐制度　216
　七、员工宿舍的管理制度　216

217-224

第十章　服装企业招工考试考题实例

　一、服装企业招工考试要求　218
　二、缝纫操作考题实例　218
　三、线迹考题实例　222

225-230

附录　如何排除平缝机一般故障

　一、缝纫断线　226
　二、缝纫浮线　227
　三、缝纫跳线　228
　四、缝纫断针　228
　五、缝纫针距不良　229
　六、缝料问题　229
　七、运转问题　229

第一章 服装基础知识

❊ 第一节 服装制图裁剪基础知识

❊ 第二节 服装测量基础知识

❊ 第三节 服装常用面料知识

❊ 第四节 其他基础知识

第一节 服装制图裁剪基础知识

服装制图裁剪和缝纫过程所必需的工具总称为制图裁剪和缝纫工具，为了使所制作的服装达到其工艺标准，不仅要将上述工具准备齐全，还要懂得如何正确使用这些工具。如掌握了其关键特点，有利于在制图、裁剪、缝纫等方面的技术水平得到不断提高。

服装制图裁剪常用工具

1. 尺具

尺具（图1-1）是制图和测量人体的重要工具，常用的尺具有直尺、三角尺、皮尺、丁字尺和制图专业尺。制图专业尺是服装制图的工具，如比例尺、多功能裁剪尺、曲线板等。

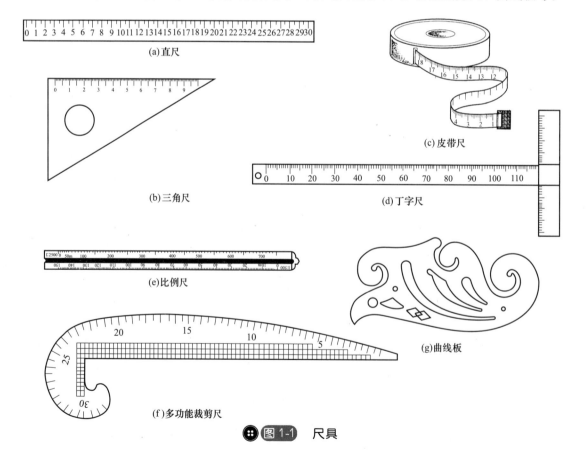

(a)直尺

(b)三角尺

(c)皮带尺

(d)丁字尺

(e)比例尺

(f)多功能裁剪尺

(g)曲线板

● 图1-1 尺具

2. 剪刀

服装裁剪、缝纫中所用的剪刀十分重要，一般剪刀可分为两种：一种是用于裁剪服装面料的剪刀，常用有 9 号、10 号、11 号、12 号，号越小剪刀越小，号越大剪刀越大，其特点是刀身长、刀口大，一般服装的厚薄面料均可裁剪；另一种是在服装生产过程中用于剪线头的纱剪，其特点是刀身短，刀口小，使用时安全方便，有时也用于服装较小部位的修剪，如图 1-2 所示。

(a) 裁剪剪刀

(b) 纱剪

🔘 图 1-2　裁刀

3. 画粉

画粉（图 1-3）通常是用于在布料上画制图裁剪线以及在缝纫过程中用于做记号，有三角形、圆形和长方形三种，常用的颜色为白色，但也配有红、黄、蓝、绿、紫等各种颜色。

4. 锥子

锥子（图 1-4）是在缝纫中用于翻挑领角尖、袋盖、衣角和钻眼做记号，以及拆掉缝纫线迹的专业工具，有时也用于在缝纫过程中起辅助向前推送衣片的作用。

5. 镊子

镊子（图 1-5）是在缝纫时夹住衣料向前起推送作用时使用的工具，有时也可用于翻领角、翻袋盖和夹住服装小件与衣片一起缝纫时起固定位置的作用。

6. 顶针

顶针（图 1-6）也称针圈，是手缝衣物时戴在右手中指第二关节上的辅助工具。它的作用是顶住手工针的针尾部起推进作用。选用顶针时一定要选择凹孔较深和较密集的顶针，这样有利于正常使用。

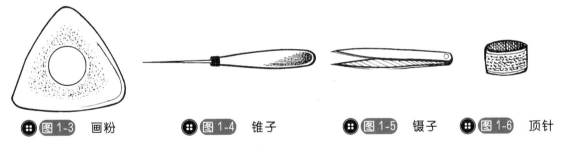

🔘 图 1-3　画粉　　　🔘 图 1-4　锥子　　　🔘 图 1-5　镊子　🔘 图 1-6　顶针

7. 铅笔与橡皮

常用于服装制图的铅笔一般是 HB 型或 2B 型铅笔。在制图前应多准备几支铅笔作为备用，因为制图过程中要保证线条的粗细深浅一致，线条顺畅就得要经常更换铅笔。

橡皮一般用于修正制图之用。选购橡皮时一般选购较软的比较实用，擦除笔迹效果会更好。

铅笔与橡皮如图 1-7 所示。

8. 压铁

压铁（图 1-8）一般采用生铁制造，宽为 13cm 左右，长为 20cm 左右，厚度为 4～6cm。

(a) 橡皮

(b) 铅笔

🔘 图 1-7　橡皮与铅笔　　　　　　🔘 图 1-8　压铁

压铁一定要装有把柄以方便搬动转移。压铁的作用是用来压住裁剪时的服装面料，防止其移动、变形。在服装制版时，压铁也可起到固定位置的作用。

 服装结构制图线名称与用途

服装结构制图中线的名称与用途见表1-1。

表1-1 服装结构制图中线名称与用途

序号	图线名称	图线形式	图线宽度/mm	图 线 用 途
1	粗实线	——————	0.9	(1)衣片轮廓线 (2)部位轮廓线
2	细实线	——————	0.3	(1)图样结构的基本线 (2)尺寸线和尺寸界线 (3)引出线
3	虚线	— — — —	0.6	叠面下层轮廓影示线
4	点划线	—·—·—	0.6	对折线(对称部位)
5	双点划线	—··—··—	0.3	折转线(不对称部位)

 服装结构制图符号

服装结构制图中的符号见表1-2。

表1-2 服装结构制图符号

序号	符号名称	符 号 图	符号用途
1	等分		表示该段距离平均等分
2	等长		表示两线段长度相等
3	等量	○　△　□	表示两个以上部位等量
4	省		表示这一部位需缝去
5	褶裥		表示这一部位做有规则折叠
6	皱裥		表示用衣料直接收拢成皱裥
7	直角		表示两线互为垂直
8	连接/连裁		表示两个部分在裁片中连在一起
9	断续		表示该部位图短实长
10	归拢		表示该部位经熨烫后收缩
11	拔开		表示该部位经熨烫后伸展、拔长
12	经向		两端箭头对准衣料径向

续表

序号	符号名称	符 号 图	符号用途
13	顺毛方向		表示面料的毛向
14	重叠		表示该处纸样重叠
15	剪切		表示由该处剪开

四 常用服装专业技术术语

常用服装专业技术术语是一种在传授技术和在生产加工过程中交流时，起正确表达、避免差错作用的服装业行话。每一个地方的服装行话都有一定的地方特点，作为一名服装生产线电动机平缝工应多多了解一些常见的服装技术专业术语，对于更好地进行技术学习和交流工作有很好的帮助作用。特别是技术辅导的讲解与交流，经常会用到许多服装专业技术术语。

服装常用术语的分类较复杂，有概念性术语、象形术语、操作技术术语、传统术语、外来术语、部位线条术语等。

1. 常用服装专业技术术语

净缝：将具体所得规格按比例绘出的衣片轮廓线称为净线或净缝，在裁剪时应在净缝外加放做缝和贴边量。

毛缝：学习制图时应以先画净缝线为主，再放做缝、贴边。而毛缝是将放缝、贴边量一并放在制图中，进行制图裁剪。

直丝：一般与布边平行方向的丝缕称为直线。服装裁剪中一般长度为直丝。

横丝：一般与布边垂直方向的丝缕称为横丝。服装裁剪中一般围度为横丝。

斜丝：与直丝、横丝都不平行或垂直的丝缕称为斜丝，一般与布边成45°角。它具有最强伸缩性，常用于服装滚边、装饰等部位。

门幅：指面料门幅的宽度。一般面料可分为窄幅、中幅、宽幅。

分幅宽：指将面料和里料按门幅宽窄进行分类。

复码：复查面料和里料每匹的长度。

手针工艺：指一般应用手工针缝合衣料的各种工艺技术。

针迹：电动缝纫机在机针刺穿布料时留在布料上面形成的针眼。

线距：电动缝纫机在缝制衣物上面两个相邻缝线之间大小的线迹距离。

缝型：电动缝纫机在缝制布片和缝制过程中的缝纫形式。

缝迹：电动缝纫机在缝制衣物上面相互连接的线迹。

缝迹密度：电动缝纫机在规定长度单位内所形成的线迹数，一般均用3cm 12针来表示。

定型：根据服装工艺要求并结合面料、里料和辅料的特性，用一些特殊的工艺。

打套结：在衣服袋口处或开衩处用机器或用手工打套结，达到加固的作用。

表层划样：用样版按排版工艺要求在面料的表层布料上排料，划出衣片的外轮廓线条。

复查划样：根据技术要求复查表层划片的数量和工艺要求。

电动开剪：指服装生产线裁剪中按划样线条用电动裁剪工具裁片。

布面织补：修补裁片中可修复织疵的衣片。

修片：按标准修正样版将毛坯裁片进行修剪。

排料：用裁剪样版按用料定额在服装面料进行生产排料。

铺料：按工艺要求将服装面料铺叠在裁剪台上的过程。

开裁损耗：铺料后，面料在划样开裁中所产生的面料损耗。

配零料：配齐一件衣服的其他零部件材料。

排料使用率：指排料在规定用料中的百分量。

打线钉：用白色线在裁片上做出缝制标记，线钉的长约 1cm 左右，一般用于时装或毛呢服装的缝制。

画粉印：用划粉在裁片上做出定位标记，一般作为暂时标记。

基础线：是指制图中控制长度和围度尺寸所使用的横向线和纵向线。

轮廓线：是指部件或服装外部造型线条。

辅助线：是指协助轮廓线绘制所采用的线条。一般辅助线的粗细是轮廓线的 1/3。

叠门：衣片门襟左右重叠在一起，是供锁眼和钉扣的位置。

挂面：指上衣门襟反面另有一层比叠门宽的贴边，又称门襟贴边。

贴边：也称折边，是服装翻折的部分。如上衣的下摆折边、袖口折边、袋口折边、裤子的脚口折边等。

衣长：一般是指前颈侧最高点到下摆的长度。

背中长：一般是指后领深到后下摆的长度。

下肩：也称落肩，指衣长到肩宽的水平距离。

袖窿深：是指上衣中下肩与腋窝之间的直线距离。

AH 长度：在外贸服装生产中是指袖笼长度。一般分为两种，一是肩宽到胸大的直线距离；二是指前后袖窿弧线弯量的长度。

袖窿弧线：是指上衣中下肩与腋窝之间通过与肩宽、胸宽、胸围大连成一体的弧线。

袖山：是指袖片上端呈山形的部位，通常也称袖山高。

袖围大：是指袖片横向距离的大小，袖围大表示袖根围度一周的大小。有时也称袖肥大。

前腰节：是指前衣长到腰节的长度。

后腰节：是指后领深处到腰节的长度。

覆肩：是指衬衫肩部前后分割后组合相拼形成的部分，也称过肩。

克夫：是指袖口双层连接部位，也称袖头。

育克：是指衣片上端水平分割的部位。

面领：男式衬衫一般分为底领和面领，有领角的两片称为面领，常规面领领中为 4.5cm 左右。

底领：男式衬衫与衣片连接的两片领称为底领，并带有缺嘴，常规底领领中宽为 3.5cm 左右。

大开门：是指袖叉上层有宝剑头的部位，一般宽度为 2.2～2.5cm 左右，用于锁眼。

小开门：是指袖叉下层部位，一般宽度为 1～1.2cm，用于钉纽扣。

裤长：一般是指在腰口上端到脚口处的垂直高度，一般裤长含腰宽。

裤中线：是指腰口上端至脚口下端的中心连接线。

横裆：是指大腿根部一周围度大。

直裆深：是指腰口至横裆线的长度，也称上裆。

下裆：是指横裆线至脚口长度。

前浪：是指前龙门高至腰口的弧线长度。

后浪：是指后龙门高至腰口起翘处的弧线长度。

小纱剪：在缝纫过程中用于剪线的工具。

裁剪剪刀：裁剪衣料用的剪刀。

开袋口：将已缉好嵌线的袋口从中间部位剪开。

封袋口：将开好的袋口两端缝纫机缉回针封口。

点纽位：用铅笔或划粉标注纽扣位置。

划眼位：按衣服长度和造型要求划分扣眼位置。

钉纽扣：将纽扣钉在衣服指定的位置上。

锁扣眼：在衣服指定的位置上锁扣眼。

滚扣眼：用滚扣眼的布料将扣眼的毛边包光。

剪省缝：毛呢服装上缝制的省缝因厚度而影响衣服外观，因此须剪开省缝。

缉省缝：将省缝折合，用缝纫机缉缝。

烫省缝：将省缝坐倒熨烫或分开熨烫。

敷止口牵条：将牵条布用手针扎上或熨烫粘贴在止口部位。

敷驳口牵条：将牵条布用手针扎上或熨烫粘贴在驳口部位。

合止口：将衣片和挂面在门襟止口处机缉缝合。

缉衬：用机缝将衬布缉在衣片上的工艺。

合领衬：在领衬拼缝处机缉缝合。

拼领里：在领里拼缝处机缉缝合。

归拔领面：将领面归拔熨烫成符合人体颈部的立体。

归拔领里：将敷上衬布的领里归拔熨烫成符合人体颈部的立体形态。

扎袖里缝：将袖子的面、里缉缝对齐，用手针固定。

滚袖窿：用滚条将袖窿毛边包光，增加袖窿的牢度和挺度。

扎暗门襟：暗门襟扣眼之间用暗针缝牢。

装袖衩：将袖衩装在袖口上设定的部位。

翻小衩：小衩的面、里布缝合后将正面翻出。

坐烫里子缝：将里子缉缝坐倒熨烫。

镶嵌线：用嵌线料镶在衣片上。

镶边：用镶边布按照一定的宽度与形状，镶在衣片的边沿上。

热缩领面：将领面进行防缩熨烫。

压领角：上领翻出后将领角进行热定型。

夹翻领：将翻领夹在底领的面、里布之间，机缉缝合。

缉明线：机缉或手工缉缝在服装表面上的线迹。

装拉链：将拉链装在门襟或服装需要安装的部位。

装松紧带：将松紧带装在袖口、底边等部位。在缝制终止时，注意回针。

封袖衩：在袖衩上端的里侧机缉封牢。

装袖衩条：将袖衩条装在袖衩位上。

折顺裥：缝合叠成同一方向的折裥。

扣烫裤底：将裤底毛边折转熨烫。

封小裆：将小裆开口机缉或手工封口，增加前门襟开口的牢度。

绱门祥：将门祥装在裤片的门襟上。

绱里襟：将里襟装在裤片里襟的位置上。

绱腰头：将腰头装在裤腰上。

绱串带祥：将串带祥装在腰头上。

拔裆：将平面裤片经拔烫后，成为符合人体臀部及下肢形态的立体裤片。

扣烫底边：将底边折光或折转熨烫。

做垫肩：用布或棉花、中空纤维等制作的垫肩，一般呈半圆形。

装垫肩：将垫肩安装在袖窿肩头部位，使最厚部位位于人体肩线上。

电熨斗：有普通电熨斗和蒸汽电熨斗两种，用于缝制过程中的熨烫、归拔或成品整烫。

烫垫：用比较厚而密且具有一定耐热性的布料制成，中间填充木粉或棉花，形状为圆形。它是适用于胸部、肩部、臀部形态烫垫的专用工具。

烫布：为了避免毛织物、化纤织物在熨烫垫过程中出现极光或烫黄，在衣片垫一层烫布，一般为纯棉布料。

烫原料：是指在要裁剪的服装面料上熨烫面料皱褶。

喷水壶：是指在熨烫、归拔、整烫时喷水用的工具。

工作台：是指服装裁剪、缝制必用的台面板。

2. 常用服装工艺操作专业术语

（1）缝合　缝合又称拼合，是将两块面料或两个部件缝合在一起，如女式衬衫的前后片摆缝拼合、裤子的下裆缝拼合、上衣的袖子与衣片缝合、领片与衣片的缝合。

（2）缉止口缉　缉止口缉是在衣片的正面做缉线缝合的意思。缉止口就是在缝制产品沿边缘平行地再加缉一道缝线，俗称"压止口"、"缉明线"，是服装缝纫中最常用的工艺形式之一，如缉门襟止口、缉领止口等。缉止口有缉单止口，即在正面缉一道缝线线迹；缉双止口，即在正面等距地缉两道缝线线迹；缉狭止口，即缉线距离止口在0.6cm以下；缉宽止口，即缉线距离止口在0.6～1.2cm等形式。

（3）折裥　服装某一部位衣片经过折叠后缝制，一端缝合，一端散开称为折裥。如裤前片的左右折裥、裙子的腰部折裥等。折裥有顺风裥、对裥、明裥、暗裥之分。顺风裥是一个方向折叠，对裥是对称型的。

（4）收褶　收褶也称收细褶，是服装制作中常用的工艺。如将袖山头弧线均匀收细褶、袖口收细褶、裙腰部位收细褶等，为下一步装袖、装克夫、装裙等做好准备。

（5）收省　根据需要将衣片折叠部分缉一道缝，缝合起来，从而使成衣更符合人体体形，称为收省缝。省收在哪个部位就以该部位名称来命名，如领省、肩省、袖窿省、腰省、腋下省等。收省一般均在衣片的反面缉缝，正面只有衣缝而无线迹。省缝的形式较多，常用的有上下两端缝成尖形、中间宽形的橄榄省；有一端尖的锥形省；其他不规则省等。

（6）拼接　如衣片或零部件不够长或不够大，则需要拼合、组接。长度不够时称为接长，横度（围度）不够时称为拼宽。在各贴边接长、裤裆拼角时，均需做上记号，以防接错，或正反面搞错。

（7）包缝　包缝是将下层衣片包转上层衣片的一种衣片缝合形式，常用于衣缝需要拷边效果的单层服装上。包缝有明包缝和暗包缝两种。明包缝即衣片的正面与正面相对包缝，在正面能看到两道缝线线迹。暗包缝即衣片的反面与反面相对包缝，如果缉线，正面只能看到一道缝线线迹，如果不缉线，正面就看不到缝线线迹。

（8）回口　回口工艺是由于衣片的横料、斜料的质地比较疏松，所以衣料在领弧线、袋口嵌条、袖窿弧线处容易拉伸、松弛，这种现象在服装行业内称回口或拉回。

（9）里外匀　里外匀是服装缝纫工艺常用的技艺手法，指在缝合双层衣片的服装部件时，外层衣料比里层均匀地长（宽）出一些，使两层衣料相贴成自然卷曲状态，卷曲程度越大，里外匀也就越大。服装的翻领、衣袋的袋盖都应该适当地做些里外匀，使之平服。

缝制里外匀的方法是：将面料拉紧一层，对应地放松另一层；并利用缝纫机送布牙推送下层稍快的原理，使上层（里层）紧些、下层（外层）松些。

（10）吃势　吃势是缝纫工艺的技法之一。"吃"就是将衣料做稍微卷缩的意思，吃势是指卷缩的程度，吃势有两种。一种是两块衣片原先长度一致，因缝纫时操作不当，结果造成一片长、一片短，即短的一片有了吃势，这是缝纫的弊病，应该避免；另一种是将两片长短略有差异的衣片，通过缝纫时的手势处理，使长的一片产生吃势，缝纫后的衣片两端长短一致。通过吃势处理，不仅长短一致，而且能显出胖形，产生窝势以符合人体体形的需要。如袖片的袖山部位，通过吃势，使装袖后的袖山头圆顺、饱满。

（11）收拢　收拢又称抽拢或缝皱，是一种缝纫工艺技法。对衣片的某一部分，通过缝缉使其卷缩、起皱，程度比吃势更为显著。如女式泡泡袖的袖山、女式褶裥裙裙片的腰口部位，都可使用收拢的技法，使衣片卷缩。收拢有用缝纫机收拢和手针抽线收拢两种。收拢的程度可视需要而定。

（12）扎针　扎针是一种手缝针法，指用稀疏的针迹把上下两层衣料缝牢。有两种用途：一种是缝于两层衣片之间，使之起到扎牢的作用，这种扎线是不拆除的；另一种用于暂时扎牢部件的试缝，待正式缝缉后即可拆除。

（13）夹缝　夹缝又称合或兜，是将某些服装附件的面料、夹里（或衬料）叠合后，三层沿边缘缉缝一道，如夹袋盖、夹衣领等。一般都是反面向外，夹缝后再将它翻向正面。

（14）借势　借势是指在两层衣片的缝纫过程中，发现有长短不齐的现象时，需要采取一些工艺措施来把它借平或借齐。措施有：将长出的一层做稍微的放松层进，或将缩短的一层做适当的拉紧。

（15）归拢　归拢又称归缩、归拢。在缝纫过程中通过熨斗温度的热塑作用，使平面的衣料在长度方面略有缩拢，如前后衣片的袖窿部位等。

（16）拔开　拔开又称拔宽、拨开。在缝纫过程中通过熨斗温度的热塑作用，将平面的衣片伸开拉宽。如后衣片背部胛骨处的拔长、后裤片下裆缝凹势部位的拔伸、臀围部位的拔宽等，使平面的衣片更符合人体体形。

3. 缝纫弊病的常用术语

（1）起壳　起壳又称壳开，当服装的面料与衬料不贴合，即制作衬料显紧或面料过松，黏合衬黏合不牢，使里外不相容而形成起壳。

（2）起翘　起翘又称反翘。在服装缝制过程中，由于里外匀未处理好，产生里松外紧的现象，造成起翘。根据服装缝制的工艺要求，不论是衣领的领角或袋盖、门襟止口等，只能略向里弯曲，成圆弧的窝势，不能向外上翘弯曲，向外弯曲即称反翘，这是不符合质量要求的。

（3）起皱　起皱又称起绉。在缝纫过程中，由于上下两层衣片的松紧没有掌握好，造成一层紧一层松，松的部位就会出现皱起不平服的现象。不论是衣片起皱还是衣缝起皱，都是缝纫时出现的弊病，都有损服装的外形美观。一般起皱指衣片或衣缝的横向皱起，起绉指衣片或衣缝的斜向皱起。

（4）起吊　某些衣片在缝合时，该拔出的部位没有拔出，丝绉没有归正，或缝合时衣片松紧不一而引起衣缝卷缩、上提、不平均的现象称为起吊。常见的有裤子裆缝起吊、上衣的背缝起吊、袖缝起吊等。对某些有夹里的服装，由于夹里太短或过紧，也会引起面料起吊。

（5）起涌　起涌又称臃或拥，是指有夹里或衬料的服装，衣片的表面不平服、鼓起、卷缩和起皱。

（6）起涟　起涟又称起浪，是指上下两层衣片不平服，或缝缉后的衣缝呈涟条状扭曲，与起皱意义接近，例如装裤腰时，第一次由腰里与裤片缝合，第二次由腰面与裤片缉合，由于两次缝合都与裤片有关，结果没注意缝纫机下层送得快、上层走得慢的特性，使上下两片互相错位，形成斜向涟形。

（7）还口　是指衣料的经纬丝缕被拉歪斜，比原来涨大的现象，如领圈拉还或袖窿拉还等。一般斜丝缕部位的衣料最容易拉还。还口则是指服装的衣缝止口因拉还而不平、宽出，呈现出波浪起伏的荷叶边形状。

（8）反吐　反吐又称吐止口或止口外露。根据工艺要求，有上下两层衣片组成的衣缝止口，在正面只能看到上层衣片的止口，如果上下层止口都能看到，或下层止口超出上层就称为止口反吐。

（9）脱空　脱空又称脱开或脱格，是指里外两层衣料不贴紧。

（10）沉落　沉落是指缝合服装的肩缝时由于斜势不足，引起前后袖窿下沉。

（11）座势　座势指两层衣片缝合翻出时，衣缝没有翻足，还有一部分卷缩在里面。

（12）不匀　不匀是指在缝纫过程中，对衣片和缝纫机的速度控制不当，造成衣片的缝纫速度忽快忽慢、轻重不一，导致衣片的吃势不匀、波浪不匀、针码不匀等。

4. 缝纫线迹弊病的常用术语

（1）双轨线迹　双轨又称接线不齐。在缝纫时由于断线等原因导致接线不好，原先只需一道针迹缝线的变成双道针迹缝线，俗称"双轨线"。

（2）眼皮　按照规定应在衣缝或止口沿边缘缉线，因操作不当导致在某一部位突然离开衣缝或止口过多，使此部位的衣缝或止口像眼皮一样掀起。

（3）漏针　意思是缝纫时有些衣缝的部位针迹没有缝到，造成漏针，或有些衣缝部位没有缝合，或衣片边沿的纱丝未缝进、外露，是服装缝制过程中的大忌。

（4）浮线　浮线又称糊线，是由于缝纫机的底面线张力没有调节好而引起的。如果面线的张力调得太紧，则面线会形成一根直线，底线的线迹松浮，有时还会浮在正面，影响成衣的牢度和美观。反之，底线的张力调得太紧，在下面也会出现同样现象。正常的缝线张力，面线和底线应紧锁在上下两层衣料的中间，正面和反面都不应有线迹浮起的现象。

（5）跳针　跳针是指因缝纫机故障或机针的粗细与衣料的厚薄不匹配等原因，造成底线有时勾不上来，形成缉线有时只有针孔而无线迹、几个线迹针孔连在一起的现象。

（6）脱线　脱线又称开缝或脱缝，是指缝纫时由于断线、空针及严重浮线等原因，使衣缝豁开，或缝线不牢、断裂，导致原先两层缝合的衣片分离。

（7）戳毛　因机针针尖不锐、起毛或弯曲等原因，将衣料勾毛。

（8）缉线上炕　缉线时线缉在规定位置以上的部位。

（9）缉线下炕　缉线时线缉在规定位置以下的部位。

（10）爆线　缝纫时底线和面线的松紧张力没有调节好，面线或底线的张力太紧，使缝纫后的衣片用手一拉，缝线就被拉断。弹性较强的针织布料，或梭织衣料的斜丝缕部位最容易出这种弊病。裤子的后裆缝部位如果缉缝不当就容易爆开。

5. 熨烫弊病的常用专业术语

（1）走形　在整烫的过程中，由于用力过大使服装局部变形，直接影响成衣的外形。

（2）极光　熨烫时下面垫布太硬或者不用湿布盖烫而产生的亮光。那些紧密厚实的全毛面料，如华达呢、哔叽较容易产生极光。

（3）水渍　熨烫时碰上水点或湿布未烫均匀而产生水渍。深色真丝衣料最容易产生水渍。

（4）烫黄　因熨烫时熨斗的热度控制不当，熨斗温度过高或熨斗在衣料上原位停留时间过长，使衣料变色泛黄，严重的还会使衣料烫焦、烫熔。化纤织物更应注意掌握熨斗的温度，因为化纤衣料的耐热性普遍较差。

6. 成品质量的常用术语

（1）对称　又称"和合"，指服装成品的左右衣片、附件，包括造型、线缝、衣料的条格、图案等都对应一致，这种对称是所有中开襟服装（包括裤和裙）的主要质量要求之一。

（2）圆顺　不论是服装成品的外形轮廓，还是具体的衣缝线条，都要求流畅、自然。特别对各类女式服装来讲，更要求显得飘逸、舒展，忌生硬、呆板或出现打煞凹（即突然地伸出或凹进）的现象。

（3）平服　平服是指成衣平整，不起翘，不会出现因缝纫后而出现的起吊、起皱现象。

（4）窝势　窝势又称窝服。即做成的服装或其附件的外观造型具有胖形，有立体感，反面凹进，正面凸出，呈卷曲的弧状。它与反翘相反，有较好的里外匀，是西式服装的质量要求之一。

（5）戤势　在正规西服或各类男式上衣的后衣片和袖窿的交合部位，应有一定余量的宽出，形成起伏的波浪，称"戤势"。有戤势的上衣显得很有风度、气派。宽出的余量越多戤势就越足。戤势一般在 1 厘米左右。

（6）方正　就男式服装而言，要求服装成品的外形轮廓或衣缝线条平直挺括、整齐端庄，具有男性阳刚之美的气派。

（7）登立　登立与瘪含义相反，即要求服装成品具有立体感，如上衣的后背要求登立，登立不能成为曲形。

（8）平薄　各类毛呢服装的止口如门襟止口、领止口等在缝制时要求平薄。有时因毛呢衣料较厚，在缝制时应采取相应的技术措施，如用熨斗熨烫等，使之做薄。

（9）饱满　西式毛呢外衣，前胸部位都附有衬料，因此在做衬和敷衬时，应通过一定的工艺处理，使胸部圆顺有立体感。

五　服装结构制图代号

在服装结构制图时，常用的代号见表1-3。

表1-3　服装结构制图代号

序号	部位	代号	序号	部位	代号	序号	部位	代号
1	衣长	L	15	后中心线	BCL	29	袖窿弧线长	AH
2	肩宽	S	16	前衣长	FL	30	袖窿深	AHL
3	胸围	B	17	后衣长	BL	31	袖长	SL
4	腰围	W	18	领围线	NL	32	肘长	EL
5	臀围	H	19	领深	NH	33	袖肥	BC
6	领围	N	20	领宽	NW	34	袖口	CW
7	领座	SC	21	前颈点	FNP	35	胸点	BP
8	领高	CR	22	后颈点	BNP	36	肩端点	SP
9	胸围线	BL	23	侧颈点	SNP	37	头围	HS
10	腰围线	WL	24	前腰节长	FWL	38	裤长	TL
11	臀围线	HL	25	后腰节长	BWL	39	前上裆	FR
12	中臀围线	MHL	26	前胸宽	FBW	40	后上裆	BR
13	膝围线	KL	27	后背宽	BBW	41	股下长	IL
14	前中心线	FCL	28	袖山	AT	42	脚口	SB

服装号型系列参考尺寸

学习服装制图与裁剪必须要了解和掌握服装的规格尺寸，现实证明，没有合理的规格尺寸就无法进行服装制图和裁剪。每一种服装的规格尺寸都是与款式、体型、制作工艺和服装面辅料息息相关。全面掌握和了解服装规格尺寸对一个服装技术工作者来讲十分重要。

服装规格尺寸除了有量体所得尺寸、样衣测量所得尺寸，还有国家标准的服装号型规格尺寸。服装号型中，"号"是指人体的身高，以 cm 为单位，是设计和裁剪服装长短的依据；"型"指人体的胸围和腰围，以 cm 为单位，是设计和裁剪服装肥瘦的依据。

另外，为了区分体型，男女服装号型还以人体的胸围和腰围的差数为依据进行区分。一般体型分类为四类，其代号分别为 Y、A、B、C，见表 1-4。

表 1-4　中国人体型分类　　　　　　　　　　　　　单位：cm

性　　别	Y	A	B	C
男	22～17	16～12	11～7	6～2
女	24～19	18～14	13～9	8～4

服装号型的表示方法为"号/型"，后接体型分类代号，如上装"160/84A"，其中"160"代表号，表示身高 160cm；"84"代表型，表示净胸围 84cm；"A"代表体型类别。再如下装"160/68A"，其中"160"代表号，表示身高 160cm；"68"代表型，表示净腰围 68cm；"A"代表体型类别。

服装号型系列是服装裁剪和生产中设定规格尺寸的参考依据。号型系列以各体型的中间体为中心，向两边依次递增或递减，常规身高以 5cm 分档，胸围以 4cm 分档，腰围以 4cm 或 2cm 分档。身高与胸围搭配组合为 5·4 号型系列，身高与腰围搭配组合为 5·4、5·2 号型系列。

1. 女装各号型系列尺寸

女装各号型系列尺寸见表 1-5～表 1-8。

表 1-5　女装 5·4、5·2（Y）号型系列尺寸　　　　　　　单位：cm

部位	数　　值													
身高	145		150		155		160		165		170		175	
颈椎点高	124.0		128.0		132.0		136.0		140.0		144.0		148.0	
坐姿颈椎点高	56.5		58.5		60.5		62.5		64.5		66.5		68.5	
全臂长	46.0		47.5		49.0		50.5		52.0		53.5		55.0	
腰围高	89.0		92.0		95.0		98.0		101.0		104.0		107.0	
胸围	72		76		80		84		88		92		96	
颈围	31.0		31.8		32.6		33.4		34.2		35.0		35.8	
总肩宽	37.0		38.0		39.0		40.0		41.0		42.0		43.0	
腰围	50	52	54	56	58	60	62	64	66	68	70	72	74	76
臀围	77.4	79.2	81.0	82.8	84.6	86.4	88.2	90.0	91.8	93.6	95.4	97.2	99.0	100.8

表 1-6　女装 5·4、5·2（A）号型系列尺寸　　　　单位：cm

部位	数值						
身高	145	150	155	160	165	170	175
颈椎点高	124.0	128.0	132.0	136.0	140.0	144.0	148.0
坐姿颈椎点高	56.5	58.5	60.5	62.5	64.5	66.5	68.5
全臂长	46.0	47.5	49.0	50.5	52.0	53.5	55.0
腰围高	89.0	92.0	95.0	98.0	101.0	104.0	107.0
胸围	72	76	80	84	88	92	96
颈围	31.2	32.0	32.8	33.6	34.4	35.2	36.0
总肩宽	36.4	37.4	38.4	39.4	40.4	41.4	42.4

部位	数值																				
腰围	54	56	58	58	60	62	62	64	66	66	68	70	70	72	74	74	76	78	78	80	84
臀围	77.4	79.2	81.0	81.0	82.8	84.6	84.6	86.4	88.2	88.2	90.0	91.8	91.8	93.6	95.4	95.4	97.2	99.0	99.0	100.8	102.6

表 1-7　女装 5·4、5·2（B）号型系列尺寸　　　　单位：cm

部位	数值						
身高	145	150	155	160	165	170	175
颈椎点高	124.5	128.5	132.5	136.5	140.5	144.5	148.5
坐姿颈椎点高	57	59	61	63	65	67	69
全臂长	46	47.5	49	50.5	52	53.5	55
腰围高	89	92	95	98	101	104	107

部位	数值									
胸围	68	72	76	80	84	88	92	96	100	104
颈围	30.6	31.4	32.2	33	33.8	34.6	35.4	36.2	37	37.8
总肩宽	34.8	35.8	36.8	37.8	38.8	39.8	40.8	41.8	42.8	43.8

部位	数值																			
腰围	56	58	60	62	64	66	68	70	72	74	76	78	80	82	84	86	88	90	92	94
臀围	78.4	80	81.6	83.2	84.8	86.4	88	89.6	91.2	92.8	94.4	96	97.6	99.2	100.8	102.4	104	105.6	107.2	108.8

表 1-8　女装 5·4、5·2（C）号型系列尺寸　　　　单位：cm

部位	数值						
身高	145	150	155	160	165	170	175
颈椎点高	124.5	128.5	132.5	136.5	140.5	144.5	148.5
坐姿颈椎点高	56.5	58.5	60.5	62.5	64.5	66.5	68.5
全臂长	46	47.5	49	50.5	52	53.5	55
腰围高	89	92	95	98	101	104	107

部位	数值										
胸围	68	72	76	80	82	84	92	96	100	104	108
颈围	30.8	31.6	32.4	33.2	34	34.8	35.6	36.4	37.2	38	38.8
总肩宽	34.2	35.2	36.2	37.2	38.2	39.2	40.2	41.2	42.2	43.2	44.2

部位	数值																					
腰围	60	62	64	66	68	70	72	74	76	78	80	82	84	86	88	90	92	94	96	98	100	102
臀围	78.4	80	81.6	83.2	84.8	86.4	88	89.6	91.2	92.8	94.4	96	97.6	99.2	100.8	102.4	104	105.6	107.2	108.8	110.4	112

2. 男装各号型系列尺寸

男装各号型系列尺寸见表 1-9～表 1-12。

3. 男、女体型确定值

男、女各种体型中间体的确定值见表 1-13。

表 1-9　男装 5·4、5·2（Y）号型系列尺寸　　　　　　　单位：cm

部位	数值						
身高	155	160	165	170	175	180	185
颈椎点高	133.0	137.0	141.0	145.0	149.0	153.0	157.0
坐姿颈椎点高	60.5	62.5	64.5	66.5	68.5	70.5	72.5
全臂长	51.0	52.5	54.0	55.5	57.0	58.5	60.0
腰围高	94.0	97.0	100.0	103.0	106.0	109.0	112.0

部位	数值													
胸围	76		80		84		88		92		96		100	
颈围	33.4		34.4		35.4		36.4		37.4		38.4		39.4	
总肩宽	40.4		41.6		42.8		44.0		45.2		46.4		47.6	
腰围	56	58	60	62	64	66	68	70	72	74	76	78	80	82
臀围	78.8	80.4	82.0	83.6	85.2	86.8	88.4	90.0	91.6	93.2	94.8	96.4	98.0	99.6

表 1-10　男装 5·4、5·2（A）号型系列尺寸　　　　　　　单位：cm

部位	数值						
身高	155	160	165	170	175	180	185
颈椎点高	133.0	137.0	141.0	145.0	149.0	153.0	157.0
坐姿颈椎点高	60.5	62.5	64.5	66.5	68.5	70.5	72.5
全臂长	51.0	52.5	54.0	55.5	57.0	58.5	60.0
腰围高	93.5	96.5	99.5	102.5	105.5	108.5	111.5

部位	数值																							
胸围	72			76			80			84			88			92			96			100		
颈围	32.8			33.8			34.8			35.8			36.8			37.8			38.8			39.8		
总肩宽	38.8			40.0			41.2			42.4			43.6			44.8			46.0			47.2		
腰围	56	58	60	60	62	64	64	66	68	68	70	72	72	74	76	76	78	80	80	82	84	84	86	88
臀围	75.6	77.2	78.8	78.8	80.4	82.0	82.0	83.6	85.2	85.2	86.8	88.4	88.4	90.0	91.6	91.6	93.2	94.8	94.8	96.4	98.0	98.0	99.6	101.2

表 1-11　男装 5·4、5·2（B）号型系列尺寸　　　　　　　单位：cm

部位	数值						
身高	155	160	165	170	175	180	185
颈椎点高	133.5	137.5	141.5	145.5	149.5	153.5	157.5
坐姿颈椎点高	61	63	65	67	69	71	73
全臂长	51	52.5	54	55.5	57	58.5	60
腰围高	93	96	99	102	105	108	111

部位	数值																			
胸围	72		76		80		84		88		92		96		100		104		108	
颈围	33.2		34.2		35.2		36.2		37.2		38.2		39.2		40.2		41.2		42.2	
总肩宽	38.4		39.6		40.8		42		43.2		44.4		45.6		46.8		48		49.2	
腰围	62	64	66	68	70	72	74	76	78	80	82	84	86	88	90	92	94	96	98	100
臀围	79.6	81	82.4	83.8	85.2	86.6	88	89.4	90.8	92.2	93.6	95	96.4	97.8	99.2	100.6	102	103.4	104.8	106.2

表1-12　男装 5·4、5·2（C）号型系列尺寸　　　　　　单位：cm

部位	数值																		
身高	155		160		165		170		175		180		185						
颈椎点高	134		138		142		146		150		154		158						
坐姿颈椎点高	61.5		63.5		65.5		67.5		69.5		71.5		73.5						
全臂长	51		52.5		54		55.5		57		58.5		60						
腰围高	93		96		99		102		105		108		111						
胸围	76	80	84		88		92		96		100		104		108		112		
颈围	34.6	35.6	36.6		37.6		38.6		39.6		40.6		41.6		42.6		43.6		
总肩宽	39.2	40.4	41.6		42.8		44		45.2		46.4		47.6		48		50		
腰围	70	72	74	76	78	80	82	84	86	88	90	92	94	96	98	100	102	104	106	108
臀围	81.6	83	84.4	85	87.2	88.6	90	91.4	92.8	94.2	95.6	97	98.4	99.8	101.2	102.6	104	105.4	106.8	108.2

表1-13　男、女各种体型中间体的确定值　　　　　　单位：cm

体型		Y	A	B	C
男	身高	170	170	170	170
	胸围	88	88	92	96
女	身高	160	160	160	160
	胸围	84	84	88	88

4. 儿童服装号型

儿童服装号与型之间表示方法为号/型。例如，上装 150/68，其中 150 代表号，68 代表型；下装 150/60，其中 150 代表号，60 代表型。

一般身高 52～80cm 的婴儿，身高以 7cm 分档，胸围以 4cm 分档，腰围以 3cm 分档，分别组成 7·4 和 7·3 系列。

一般身高 80～130cm 的儿童，身高以 10cm 分档，胸围以 4cm 分档，腰围以 3cm 分档，分别组成 10·4 和 10·3 系列。

一般身高 135～155cm 的女中童、135～160cm 的男中童，身高以 5cm 分档，胸围以 4cm 分档，腰围以 3cm 分档，分别组成 5·4 和 5·3 系列。

各童装号型系列尺寸见表 1-14—表 1-22。

表1-14　身高 80～130cm 儿童服装各号系列尺寸　　　　　　单位：cm

部位		80号	90号	100号	110号	120号	130号
长度	身高	80	90	100	110	120	130
	坐姿颈椎点高	30	34	38	42	46	50
	全臂长	25	28	31	34	37	40
	腰围高	44	51	58	65	72	79

表1-15　身高 80～130cm 儿童上装各型系列尺寸　　　　　　单位：cm

部位		48号	52号	56号	60号	64号
围度	胸围	48	52	56	60	64
	颈围	24.20	25	25.80	26.60	27.40
	总肩宽	24.40	26.20	28	29.80	31.60

表1-16　身高80～130cm儿童下装各型系列尺寸　　　单位：cm

部　位		47号	50号	53号	56号	59号
围度	腰围	47	50	53	56	59
	臀围	49	54	59	64	69

表1-17　身高135～160cm男童服装各号系列尺寸　　　单位：cm

部　位		135号	140号	145号	150号	155号	160号
长度	身高	135	140	145	150	155	160
	坐姿颈椎点高	49	51	53	55	57	59
	全臂长	44.50	46	47.50	49	50.50	52
	腰围高	83	86	89	92	95	98

表1-18　身高135～160cm男童上装各型系列尺寸　　　单位：cm

部　位		60号	64号	68号	72号	76号	80号
围度	胸围	60	64	68	72	76	80
	颈围	29.50	30.50	31.50	32.50	33.50	34.50
	总肩宽	34.60	35.80	37	38.20	39.40	40.60

表1-19　身高135～160cm男童下装各型系列尺寸　　　单位：cm

部　位		54号	57号	60号	63号	66号	69号
围度	腰围	54	57	60	63	66	69
	臀围	64	68.50	73	77.50	82	86.50

表1-20　身高135～155cm女童服装各号系列尺寸　　　单位：cm

部　位		135号	140号	145号	150号	155号
长度	身高	135	140	145	150	155
	坐姿颈椎点高	50	52	54	56	58
	全臂长	43	44.50	46	47.50	49
	腰围高	84	87	90	93	96

表1-21　身高135～155cm女童上装各型系列尺寸　　　单位：cm

部　位		60号	64号	68号	72号	76号
围度	胸围	60	64	68	72	76
	颈围	28	29	30	31	32
	总肩宽	33.80	35	36.20	37.40	38.60

表1-22　身高135～155cm女童下装各型系列尺寸　　　单位：cm

部　位		52号	55号	58号	61号	64号
围度	腰围	52	55	58	61	64
	臀围	66	70.50	75	79.50	84

第二节 服装测量基础知识

 人体测量部位与方法

一般讲做任何服装都讲究"量体裁衣"。所谓量体，就是对人体进行测量，所以人体测量工作是进行服装结构设计、制图、裁剪的前提。只有掌握了人体各部位的具体数据，才能保证服装设计与制图，保证裁剪的顺利进行。在制图中，应有对人体测量尺寸的保证，才能使成衣服装适合人体体型特征。

1. 人体测量方法

（1）长度测量 长度测量是指测量两个被测点之间的距离。如衣长、袖长、裤长等。长度测量有时两个点中有一个是固定点，而另一个点则是长度所需点。如衣长点是固定点，而长度则按人体所需的长度。

（2）宽度测量 宽度测量是指测量人体某些部位左右两点之间的距离。如肩宽、胸宽、背宽等。宽度测量有时是沿着人体表面测量两点之间的距离，有时所测的两点距离不一定是直线，例如后背是有一点弧度的，在测量时就应沿着弧度测量。

（3）围度测量 围度测量一般是指经过某一被测量点绕人体1周的长度。如胸围、腰围、臀围、领围等。测量时一般用皮尺经过被测部位沿身体表面1周，就可以测到该部位的围度。在测量过程中，如遇到人体局部出现的凹陷现象，一般皮尺不必沿着凹陷的表面进行测量，但如人体有凸出点时，应按凸出点进行测量。

2. 人体测量位置

人体测量的位置如图1-9所示。

（1）衣长 由前身肩颈根外侧，通过胸部最高点量至大拇指中节处（或所需长度），同时应注意被测量手臂长短各异，衣长也需随之做出适当地调整。

（2）胸围 一般在衬衫外沿腋下胸围最丰满处水平围量1周，然后再根据不同服装的款式要求进行围度的松量加放。

（3）腰节高 一般在后中处，由后背领深处量至腰节最细处。

（4）领围 用皮尺围量颈根1周处，但需放出松量。

（5）肩宽 由后背左肩骨端点经过后背第七根颈椎骨弧形量至右肩骨端点。

（6）袖长 由肩外端点量至手腕处（或所需长度）。

（7）袖口 用皮尺围量手腕1周，但需放出松量。

（8）头围 用皮尺围量头部1周。

（9）裤长 由腰围最细处量至脚口处踝骨下3cm左右（或所需长度）。

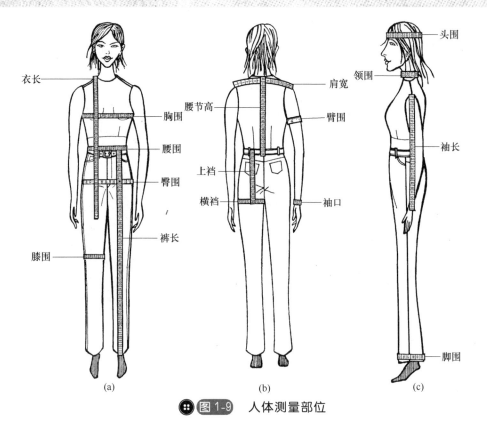

(a)　　　　　　　　　(b)　　　　　　　　　(c)

图 1-9　人体测量部位

（10）上裆　上裆也称立裆。由腰口最细处量至大腿根部的垂直高度。

（11）腰围　在腰部最细处围量1周，但需放出松量。

（12）臀围　沿臀部最丰满处水平量1周，但需放出松量。

（13）横裆大　在大腿根部围量1周，但需放出松量。

（14）膝围　膝围也称中裆。在规定膝围位置处围量1周，但需放出松量。

（15）脚口　在脚腕处水平围量1周。

3. 实际人体测量的顺序

① 女上装人体测量顺序：衣长→胸围→腰围→臀围→肩宽→领围→袖长→袖口。

② 男上装人体测量顺序：衣长→胸围→肩宽→领围→袖长→袖口。

③ 女裤人体测量顺序：裤长→腰围→臀围→横裆→膝围→脚口。

④ 男裤人体测量顺序：裤长→腰围→臀围→膝围→脚口。

⑤ 连衣裙人体测量顺序。总裙长→腰节长→胸围→腰围→臀围→肩宽→领围→袖长→袖口。

⑥ 女裙人体测量顺序：裙长→腰围→臀围→裙下摆大。

4. 规范量体的细则和要求

① 在给被测量者进行测量时，应要求其站立自然，不能低头弯腰，四肢放松，自然呼吸。

② 仔细观察穿着者的体型特征及特殊部位的变化，并记录备用。

③ 仔细分析被测量者服装款式的特点，认真听取被测量者对款式及服饰的要求，确定重点部位的尺寸。

④ 正确使用好测量人体的工具。

⑤ 正确进行人体测量的工作程序。

⑥ 认真仔细地做好人体测量数据的笔录和图例说明。

⑦ 测量工作与记录完毕后，应进行认真地检查，防止漏量、漏记，以免造成无法弥补的损失。

 服装成衣测量部位与方法

成衣测量也是获得服装尺寸的一种方法。测量成衣时应注意把成衣理平服，扣好纽扣，拉好拉链，并注意所测量的位置一定要正确，否则会影响测量尺寸。对一些面料较厚的服装，在有些部位不能双层测量，应采用单开测量的方法，尽量避免尺寸误差。

1. 裙装测量部位与方法（图 1-10）

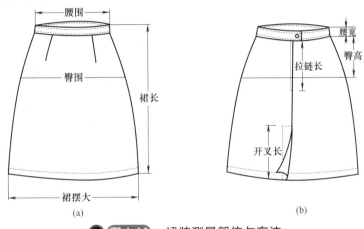

(a)　　　　　　　　　(b)

图 1-10　裙装测量部位与方法

2. 长裤测量部位与方法（图 1-11）

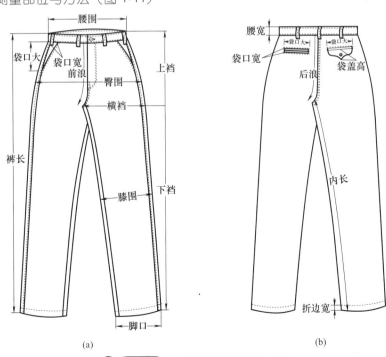

(a)　　　　　　　　　(b)

图 1-11　长裤测量部位与方法

3. 男衬衫测量部位与方法（图 1-12）

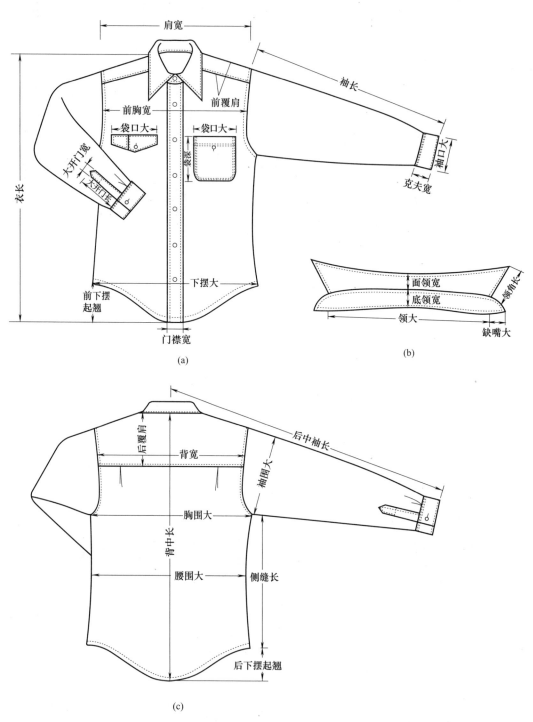

(a)

(b)

(c)

 图 1-12　男衬衫测量部位与方法

4. 茄克衫测量部位与方法（图 1-13）

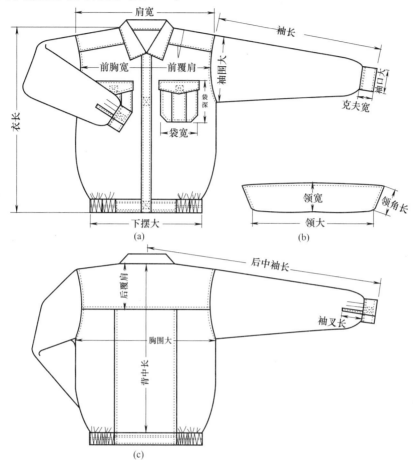

图 1-13 茄克衫测量部位与方法

5. 西装测量部位与方法（图 1-14）

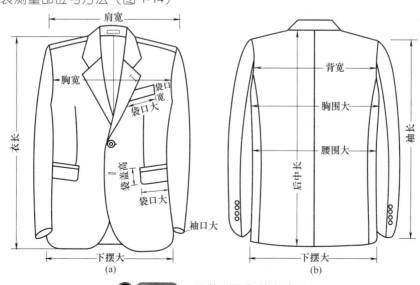

图 1-14 西装测量部位与方法

三 服装衣片部位线条名称

作为一名服装生产线电动平缝机操作工，了解和掌握服装衣片各部位的线条名称是十分重要的。服装衣片部位线条名称和成衣部位名称是有一定区别的。全面了解上述的知识对在服装生产岗位上进行技术交流和生产操作具有很大的帮助。

服装衣片部位线条名称是服装行业中的专业技术术语。每一款裁片和零部件的线条都有自己的名称，这些名称的形成一般是根据人体部位的象形、技术结构的特点、实际穿着、用途等而命名的。

1. 裙装线条名称（图 1-15）

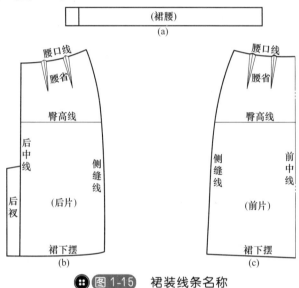

图 1-15 裙装线条名称

2. 长裤线条与名称（图 1-16）

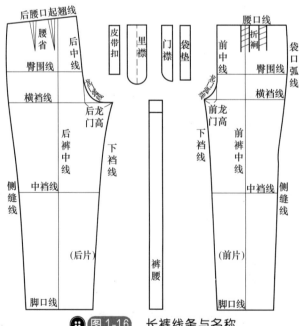

图 1-16 长裤线条与名称

3. 女长袖衬衫线条与名称（图 1-17）

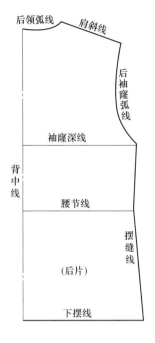

(a)

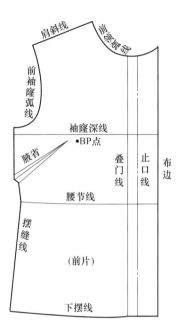

(b)

(c)

图 1-17　女长袖衬衫线条与名称

4. 男长袖衬衫线条与名称（图1-18）

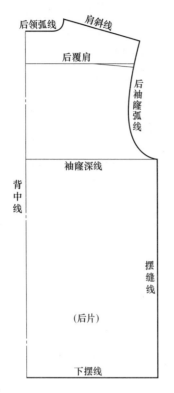

(a)

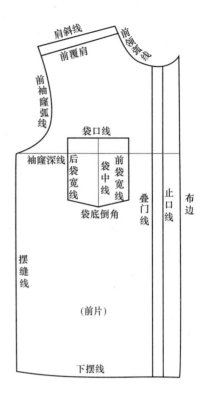

(b)

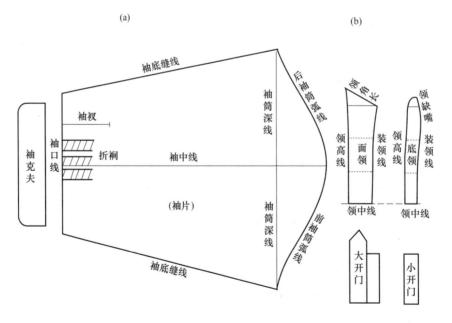

(c)   (d)

图1-18　男长袖衬衫线条与名称

5. 茄克衫线条与名称（图 1-19）

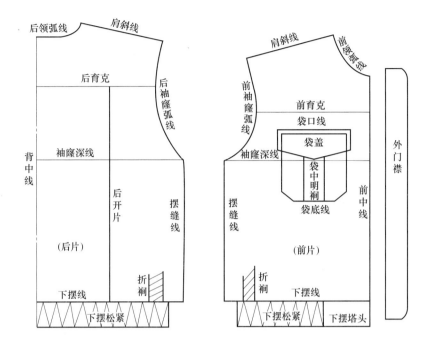

(a)　　　　　　　　(b)

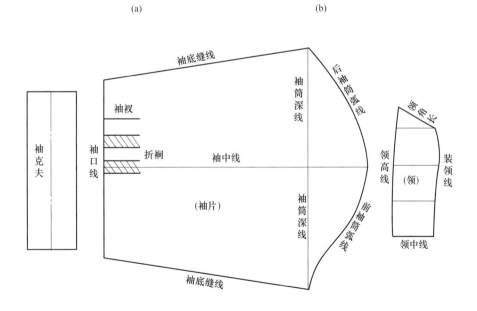

(c)

图 1-19　茄克衫线条与名称

6. 女西装线条与名称（图1-20）

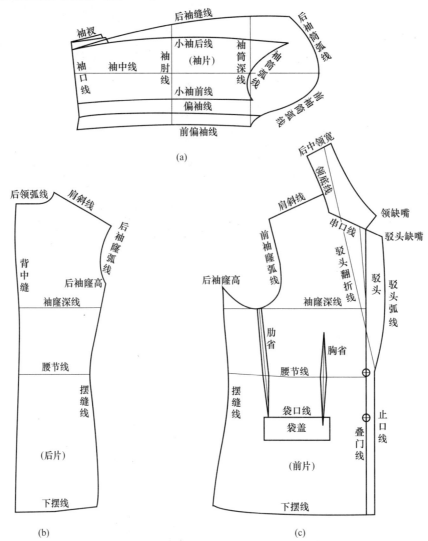

图1-20 女西装线条与名称

男式服装长度测量标准、围度放松量

男式服装长度测量标准、围度放松量可参考表1-23。

表1-23 男式服装长度测量标准、围度放松量参考表

品　种	长度测量标准				围度放松量/cm				内穿条件
	衣长或裤长 /cm	占总长 /%	袖长 /cm	占总长 /%	胸围	腰围	臀围	领围	
短袖衬衫	手腕下2	47	肘关节上6	15	8～20			2	汗衫
长袖衬衫	手腕下3.5	48	手腕下1	40	8～20				汗衫
两用衫	手腕下5	49	手腕下1	40	18～24		14～20	5	毛衣、衬衫
茄克衫	齐手腕	46	手腕下3	41	20～28		8～16		毛衣、衬衫
卡曲衫	齐大拇指	53	手腕下3	41	20～28		16～24		衬衫、2件毛衣

续表

品　种	长度测量标准				围度放松量 /cm				内穿条件
	衣长或裤长/cm	占总长/%	袖长/cm	占总长/%	胸围	腰围	臀围	领围	
西装马甲	腰节下 15	40			8～12				汗衫、衬衫
西装	大拇指中节	50	手腕下 1	40	12～18		10～14		羊毛衫、衬衫
中山装	大拇指中节	50	手腕下 2	40.5	18～24		14～20	5	毛衣、衬衫
松身西装	大拇指中节	50	手腕下 1	40	18～24		10～14		毛衣、衬衫
中式棉袄	大拇指中节	50	手腕下 3	41	24～32			5	衬衫、2 件毛衣
春秋中长大衣	膝盖上 5～7	63	手腕下 3	41	20～28		16～24		外衣、毛衣
春秋长大衣	膝盖下 10	75	手腕下 3	41	20～28		16～24	6.5	外衣、毛衣
冬季短大衣	齐大拇指	45	手腕下 4	42	26～34		22～30		棉衣、毛衣
冬季长大衣	膝盖下 10	54	手腕下 4	42	26～34		22～30		棉衣、毛衣
棉长大衣	膝盖下 15	78	手腕下 4	42	30～38		26～34	8	棉衣、毛衣
直筒裤	踝骨下 1.5	71				2～3	4～10		衬裤
紧身裤	踝骨下 1.5	71				2～3	4～6		衬裤
牛仔裤	踝骨下 1.5	71				2～3	4～6		衬裤
松身裤	踝骨下 1.5	71				2～3	16 以上		衬裤
短裤	膝盖上 10～20	27～35				2～3	4～10		衬裤
夏季长裤	踝骨下 1.5	71				2～3	8～14		衬裤
冬季长裤	踝骨下 3	72				5～7	10～16		棉毛裤

 五 **女式服装长度测量标准、围度放松量**

女式服装长度测量标准、围度放松量可参考表 1-24。

表1-24 女式服装长度测量标准、围度放松量参考表

品　种	长度测量标准				围度放松量 /cm				内穿条件
	衣长或裤长/cm	占总长/%	袖长/cm	占总长/%	胸围	腰围	臀围	领围	
短袖衬衫	齐手腕	45	肘关节上 8	14	6～14		6～10	2～3	汗衫
长袖衬衫	手腕下 2	47	齐手腕	39	6～18		6～14	2～3	汗衫
中袖衬衫	手腕下 1	46	手腕上 7～10	32～35	6～14		6～10	2～3	汗衫
连衣裙	膝盖上下	67～87	齐手腕	39	6～14	4～8	4～10	2～3	汗衫
旗袍	离地 18～26	84～90	齐手腕	39	6～14	4～8	4～10	2～3	汗衫
女马甲	手腕下 3	48			8～18		8～14		羊毛衫、衬衫
茄克衫	手腕下 2	47	手腕下 1.5	40	16～24		8～16		羊毛衫、衬衫
两用衫	手腕下 3	48	齐手腕	39	10～22		10～18	4～5	毛衣、衬衫
女西装	手腕下 3	48	齐手腕	39	8～18		8～14		羊毛衫、衬衫
松身西装	手腕下 5	50	齐手腕	39	16～24		10～14		毛衣、衬衫
中式棉袄	手腕下 3	48	手腕下 1.5	40	16～24		16～24	4～5	2 件毛衣
短大衣	齐拇指	55	手腕下 3	41	16～28		16～24	5～6	毛衣、外衣
棉长大衣	膝盖下 10	75	手腕下 4	42	20～34		20～30	6～7	棉衣、毛衣
春秋中长大衣	膝盖上 5	65	手腕下 3	41	16～28		16～24	5～6	外衣、毛衣

续表

品　　种	长度测量标准				围度放松量 /cm				内穿条件
	衣长或裤长/cm	占总长/%	袖长/cm	占总长/%	胸围	腰围	臀围	领围	
冬季长大衣	膝盖下 10	75	手腕下 4	42	20～34		20～30	6～7	棉衣、毛衣
夏季长裤	齐踝骨	70				0～2	4～10		衬裤
冬季长裤	踝骨下 3	72				2～6	8～14		毛裤
中裤	膝盖下 6	45				0～2			衬裤
短裤	膝盖上 12～17	27～30				0～2	4～10		衬裤
短裙	膝盖上 9～13	30～35				0～2	4 以上		衬裤
松身裙裤	膝盖下 6～27	46～60				0～2	16 以上		衬裤
长裙	膝盖下 6～27	45～60				0～2	4 以上		衬裤

 服装成品测量方法与允许偏差

服装成品测量方法与允许偏差可参考表 1-25。

表 1-25　服装成品测量方法与允许偏差（也可根据客户制定的要求）

服装类别	部位名称	测 量 方 法	极度偏差 /cm
男女衬衫	衣长	男：前后身底边拉齐，由领侧最高点垂直量至底边	±1.0
		女：由前身肩缝最高点垂直量至底边	±1.0
	领大	领大摆平横量，立领量上口，其他领量下口	±0.5
	胸围	扣好纽扣，前后身放平，在袖底缝处横量	±1.0
	腰围	扣好纽扣，前后身放平，在腰节处横量	±1.0
	摆围	扣好纽扣，前后身放平，在下摆处横量	±1.0
	肩宽	由肩袖交点一端量至另一端	±0.6
	长袖长	由袖子最高点量至袖克夫边	±1.0
	短袖长	由袖子最高点量至袖口处	±1.0
	袖口大	扣好克夫测量	±0.5
	克夫宽	将克夫摆平测量	±0.2
男女长裤	裤长	从裤腰上口量至裤脚口	±1.0
	腰围	半腰围测量，全腰围计算	±1.0
	臀围	半臀围测量，全臀围计算	±1.0
	上裆	从裤腰口量至横裆处	±0.5
	下裆	从横裆处量至脚口处	±1.0
	横裆	在大腿根围度量 1 周	±1.0
	膝围	在中裆位置处量 1 周	±0.5
	脚口	在脚口位置处量 1 周	±0.5
	前浪	从腰口到前龙门处弯量	±1.0
	后浪	从腰口起翘到后龙门处弯量	±1.0
	腰宽	将腰摆平测量	±0.2
茄克衫	衣长	前后衣片放平，由领侧最高点量至底边	±1.0
	胸围	扣好纽扣，在袖底缝处横量	±1.0
	腰围	扣好纽扣，在腰节处横量	±1.0

续表

服装类别	部位名称	测量方法	极度偏差/cm
茄克衫	摆围	扣好纽扣在下摆处横量	±1.0
	肩宽	由肩袖交点一端量至另一端	±0.6
	袖长	由袖长最高点量至袖口	±1.0
	袖口	袖口摆平后测量袖口大	±0.5
	领围	领大摆平横量,立领量上口,其他领量下口	±0.5
	克夫宽	将克夫摆平后测量	±0.2
	下摆宽	将下摆摆平后测量	±0.2
西服	衣长	由前身左衣片肩缝最高点垂直量至底边	±1.0
	胸围	扣上纽扣,前后身摆平,沿袖窿底缝水平横量	±1.0
	腰围	扣上纽扣,前后身摆平,沿腰节处水平横量	±1.0
	摆围	扣上纽扣,前后身摆平,沿下摆处水平横量	±1.0
	肩宽	由肩袖交点一端量至另一端	±0.5
	袖长	由肩,袖缝的交叉点量至袖口边	±1.0
	袖口	将袖口摆平测量	±0.5

第三节　服装常用面料知识

服装面料的品种是多种多样的,但任何一种面料都是构成服装成衣最重要的物质基础,服装的色彩、图案、质地、手感及服装穿着的舒适性、透气性、保暖性、柔软性、平挺性等都是由服装面料体现出来的。同时,各种服装面料的性能还直接影响服装生产制作工艺。因此,了解服装面料性能对服装生产制作会有很大帮助。

 一般服装面料的分类

一般服装面料的分类及其特点见表1-26。

 一般服装面料的特点

(1) 棉布类　棉布类是以棉纤维为主纺成纱线织造而成的织物。

① 特点:吸湿性能强,一般缩水率在 $4\%\sim10\%$,在阳光和大气中棉布会慢慢被氧化,使牢度下降,同时棉布在湿度大的情况下易发生霉变。

② 棉布类的主要品种有市布、粗布、细布、府绸、哔叽、色织布、泡泡纱、绒布、灯芯绒等。

表1-26　　一般服装面料的分类及其特点

分类方法	种类名称	特　点	举　例
按织物结构分	1.平纹织物 2.斜纹织物 3.缎纹织物 4.变化织物	正面光洁,色泽均净 纹路清晰 平整、光滑、紧密、富有光泽 变化多样	
按织物色相分	1.原色面料 2.素色面料 3.印花面料 4.色织面料 5.色纺面料	未经印染加工,棉纤维损伤小,织物活力较大,外观较粗糙	白坯布、市布
按织物用纱原料分	1.纯纺织物 2.混纺织物 3.交织物	经、纬都采用单纱纺织而成 由两种以上纤维混合纺织而成 由不同原料或不同类型的纱、线纺织	全棉真丝,纯涤纶 混纺华达、棉,的确良 富春纺
按用纱线不同分	1.单纱织物 2.全线织物 3.半线织物	经、纬都采用单纱纺织而成 经、纬都采用双股或多股纺织而成 经、纬纱中一种为线,另一种为纱	纱布、床单平面 卡其、华达呢、劳动布 克罗丁、巧克丁
按纤维原料分	1.棉织品 2.麻织品 3.毛织品 4.化纤织品 5.混纺织品 6.丝绸织品	透气性、吸湿性好 结实、粗犷、凉爽、吸湿性好 挺括抗皱耐穿、保暖、色彩纯正 牢度大、弹性好、耐洗 手感柔软、光泽度强、布身平整紧密 轻薄、凉爽、华丽、富贵、舒适	府绸、泡泡纱、巴厘纱 苎麻布、亚麻布、夏布 各种呢料、哔叽、派力司 尼龙绸 毛毡粗花呢 双绉、电力纺、真丝缎

(2) 麻布类　麻布类又称夏布,是以麻纤维或以麻纤维为主构成的纱线再织造而成的织物。

① 特点:导热性和强度都比棉织物大,抗霉性能好,不易被虫蛀,一般不褪色。

② 麻布类的主要品种有苎麻布、原色夏布、原夏布、亚麻布等。

(3) 呢绒类　呢绒类是指利用骆驼毛羊绒、人造毛织成的服装面料。

① 特点:保暖性能好,易吸收水分,延伸性能好。

② 呢织类的主要品种有哔叽、凡立丁、女式呢、海军呢、粗花呢等。

(4) 丝绒类　丝绒类是指以蚕丝为主要原料的丝纺织物,主要是由桑蚕丝作原料的。

① 特点:耐摩擦、吸湿性强、保湿性好,并能吸湿和散发水分。

② 丝织类的主要品种有桑丝绸、人造丝绸、锦丝交织绸、涤丝交织绸。

(5) 化纤类　化纤类是指以纯化纤维或以纤维为主织成的面料,有较多的种类。

① 特点:结实、耐磨、抗皱性能好、布料尺寸稳定性能好、缩水率较小,且耐酸碱、耐霉蛀等。

② 化纤类的主要品种有涤纶布、尼龙、腈纶、丙纶、氨纶长纤维等。

三　如何识别面料的倒顺

裁剪服装时要特别注意有些面料是有倒顺毛之分的,如长毛绒、丝绒、灯芯绒、羊绒大衣呢等。这些起毛组织总是向一个方向倾斜。由于光线的反射关系,倒顺织物的反射光线的强弱也有所不同。同一块织物如果在缝制后倒顺毛不一致的话,衣料的颜色就不一样。一般来说,顺毛(毛从上向下倒)色浅淡,倒毛(毛由下向上倒)色深浓。

(1) 识别衣片倒顺毛的具体方法

① 目测:将衣片倒顺毛方向并列比较,色泽浅淡的为顺毛。对于毛绒短而平坦的织物,

如果目测后仍不能判别其倒顺，可用手感的方法来识别。

②手感：即用手指在织物表面经向上下抚摸绒毛，观察绒毛的竖立情况和抚摸后织物呈现的色泽差异。

有些织物经过上两种试验仍无明显差异时，说明该织物为无倒顺毛织物。但在较贵重料子裁剪排料时，为了慎重起见，仍应将服装各部件按同一方向排列，避免发生衣片有倒顺现象。

（2）倒顺织物在应用中的特征

①灯芯绒服装一般宜采用倒毛，其目的是使制成的服装色泽趋向深亮，不泛白。

②呢绒服装宜采用顺毛，以减少织物表面起球。

③丝绒服装中，黑色丝绒宜采用倒毛（目的同灯芯绒一样），白色绒宜采用顺毛，以保持织物光泽一致。

（3）面料中图案纹样的倒顺方向不容忽视

①凡有方向性的倒顺花图案，如动植物图案、山水风景图案、房屋建筑图案、交通工具图案等，均不可倒置。

②阴阳条格图案也称鸳鸯条格，它是由竖向或横向、上下、左右不对称条格图案组成的织物。阴阳条格图案在裁剪、排料时要求较高，一定要注意对条、对格、顺向排料，切忌错条、错格，形成杂乱无章的面料。

③图花图案在绸缎织物中较多，在裁剪排料时也应注意图花的倒顺及左右衣片的对称和花形图案的完整。

如何识别面料的正反面

常规服装面料的正面是整洁、美观、图案清晰的，裁剪划样前须先识别织物的正反面。可按以下方法识别。

（1）根据织物的组织识别　织物组织一般有平纹、斜纹和缎纹三种。

平纹织物除印有印色花外，其正反面无多大差异，可以织物平整光洁的一面为正面。

（2）斜纹织物可以根据它的纹路方向来识别　面卡、新花呢织物的正面纹路是从右上到左下，呈汉字中"撇"的笔画。斜纹布纱卡织物的正面纹路是从左上到右下，呈汉字中"捺"的笔画。在呢绒和绸缎中，正面撇斜和捺斜的都有，这时要以纹路清晰的为正面。

（3）缎纹组织可分经面缎纹和纬面缎纹两种　经面缎纹的正面，经纱浮出较多；纬面缎纹的正面，纬纱浮出较多。总之，缎纹组织的正面平整光滑，缎纹清晰，富有光泽感；反面织纹不明显，光泽较暗。

（4）根据织物的花纹、图案色泽识别　各种织物的印花图案色泽，正面清晰、线条明显、层次分明、色泽鲜艳匀称，反面则比正面浅淡模糊。

凡各种色织花形图案和提花织物，正面的花纹都比反面的明显，线条轮廓也比反面的清晰。提花织物的正面提纹较短，长丝则为反面。

（5）根据织物的布边识别　一般织物的布边正面比反面平整，反面布边呈里卷状。无梭织物的正面布边较平整，反面边沿有纬纱纱头的毛丝。

有些织物的布边织有花纹或印有文字，以花纹和文字清晰正写的一面为正面，反面的花纹字形反写且模糊。

（6）绒类织物的识别　绒类织物有长毛绒、平绒、丝绒、灯芯绒、芝麻绒、斜纹绒、彩条绒、双面绒等，用绒类织物生产的服装可分内衣和外衣两类。

外衣类一般以有绒毛的一面为正面,无绒毛的一面为反面。

内衣类以无绒一面为正面,有绒的一面为反面,使绒面贴身。双面绒类织物,以绒毛比较紧密、丰满、整齐的一面为正面。

(7) 按出厂印章识别 有些织物(整批织物)的两端布角5cm之内加盖圆形出厂印章,一般印章盖在正面。

五 服装面料丝缕与服装裁剪的关系

(1) 服装原料大多数由经纬纱线交织而成的 在整匹面料中长度方向称为经向(纵向,直丝缕),宽度方向称为纬向(横向,横丝缕),在经纬之间的称为斜向(斜丝缕)。在服装行业中也称为直丝缕、横丝缕、斜丝缕。各种丝缕具有独特的性能,如图1-21所示。

① 直丝缕:自然垂直、挺拔、不易变形。一般上衣的长和裤子的长选用直丝缕,以使上衣的门襟平服、后背登立、裤子烫迹线垂直挺拔。服装零部件的挂面、腰里、袋嵌线一般选用直丝缕,并利用直丝缕做牵带,起牵制和固定位置的作用。在上衣门襟止口、裤子侧缝袋口上敷上牵带,以保证该部位平服、不还口、不变形。

② 横丝缕:横丝缕略有伸长,一般上衣围度、长裤围度均为横丝,当把横丝围成圆势时,窝服、自然丰满。选用横丝缕做袋盖,能使袋盖窝服贴身。

③ 斜丝缕:斜丝缕伸缩性大,富有弹性,易弯曲延伸,适宜做喇叭裙。在服装中常用斜丝面料做滚条。斜向以45°的正斜性能最佳。

(2) 在配置各种不同丝缕原料的裁片和零部件时要注意各种丝缕性能的反作用 不宜把不同丝缕的裁片和零部件做上下层组合。如袋盖面用横丝缕,袋盖里也应选用横丝缕,不能选用直丝缕,以免由于横丝缕和直丝缕伸缩率不同而引成品起皱收缩不平的现象。

(3) 在整块的面料中只有经向和纬向之别 在整片面料中没有丝缕之分,只有在裁成衣片和零料时才会有丝缕的概念,因此通常称衣片是直料或是横料、斜料等。

(4) 直料、横料、斜料的区别 凡是衣片的长度方向与面料的经向相平行的衣片称为直料,与面料的经向相垂直的衣片称为横料,与面料的经向呈一定斜度的衣片称为斜料。当衣片的长度与宽度比较接近时,就按衣片在人体上的垂直方向为长度方向。

(5) 将衣片区分为不同丝缕的意义 由于织造等因素,使面料经向和纬向的力学性能不相同,这会影响到衣片的缝纫性能和穿着效果。例如,面料的经向一般可伸长性较小,缝纫和穿着时都不容易被拉长,具有较强的抗拉力,但面料的纬向容易被拉长,而斜向面料通常具有良好的弹性。只要拿一块布料或一块手帕或自己身上的衣服用手拉一拉,就能体现出这种性能的特点,如图1-22所示。

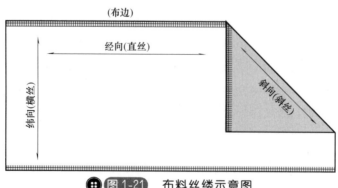

图1-21 布料丝缕示意图

（6）结构设计的注意点　巧妙地利用面料经纬方向及不同性能的特点，可以使成衣的造型效果更加美观。例如，上衣大身、前后裤片及袖片用直丝造型，西装领、喇叭裙、滚条等采用斜丝能够取得更好的造型效果。对于花形面料，有丝缕的安排并非是为了利用面料不同方向的力学性能，而是为了色彩图案的搭配，是设计效果所需要的安排。三种不同排料方向（图1-23）的成衣丝缕效果如图1-24 所示。

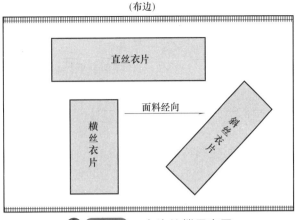

图 1-22　衣片丝缕示意图

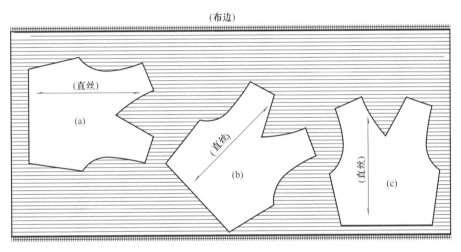

图 1-23　衣片丝缕与排料方向

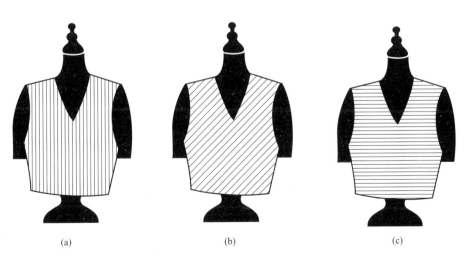

图 1-24　图 1-23 中三种不同排料方式的成衣丝缕效果图

六　各类服装面料的缩水率

各类服装面料的缩水率见表1-27。

表1-27　各类服装面料的缩水率

品　　种			缩水率/%	
			经向(长度)	纬向(门幅)
棉/维混纺织品 (含维纶50%)	卡其、华达呢		5.5	2
	府绸		4.5	2
	平布		3.5	3.5
粗纺羊毛	化纤含量在40%以下		3.5	4.5
精纺毛型	含涤纶40%以下		2	1.5
化纤丝绸织品	醋酸纤维丝织品		5	3
	纯人造丝织品		8	3
	涤纶长丝织品		2	2
	涤/黏/绢混纺织品 (涤65%、黏25%、绢10%)		3	3
精纺呢绒	纯毛或羊毛含量在70%以上		3.5	3
	一般毛织品		4	3.5
粗纺呢绒	呢面或紧密的露纹织物	羊毛含量60%以上	3.5	3.5
		羊毛含量60%以下及混纺	4	4
	绒面织物	羊毛含量60%以上	4.5	4.5
		羊毛含量60%以下	5	5
松结构织物			5以上	5以上
丝绸织物	桑蚕丝织物(直丝织品)		5	2
	桑蚕丝与其他纤维纺织物		5	3
	绉绒品和纹纱织物		10	3
涤棉混纺织品	平布细纺、府绸		1	1
	卡其、华达呢		1.5	1.2
涤黏混纺织品(含涤纶65%)			2.5	2.5
丝光布	平布(粗支、中支、细支)		3.5	3.5
	斜纹、哔叽、贡呢		4	3
	府绸		4.5	2
	纱卡其、纱华达呢		5	2
	线卡其、线华达呢		5.5	2
平光布	平布(粗支、中支、细支)		6	2.5
	纱卡其、纱华达呢、纱斜纹		6.5	2
经防缩整理	各类印染布		1~2	1~2
色织棉布	男女线呢		8	8
	条格府绸		5	2
	被单布		9	5
	劳动布(预缩)		5	5
	二六元贡		11	5

第四节 其他基础知识

 省和裥的基本种类与作用

1. 收省

收省是服装设计中经常使用的手法，常规的人体结构有凸出的面和凹进的面，要裁剪和缝制成为适体的服装，就需要采用收省的方法，将需要凹进的主体部位用省收进，达到所需要凹进的效果。也可将需要凸出的部位在边缘处用省收进，达到主体部位凸出的效果。因此省的运用是服装结构设计和制作中的常见手法，其最终目的就是做出合体的服装或局部合体的服装。单从省的形态上来确定常用省的种类有橄榄形省、锥形省、冲头形省、胖形省、弧形省和折线形省等。根据不同部位的要求选择不同省的运用。另外要注意：收省是将省长用缝纫线辑死的，一般是锥形的。在收省时应考虑到省口平面会出现凹进的现象，对成衣造型产生影响，因此，收省口的平面处须向外放出一定的凸出量。

2. 省的基本种类与形状

省的基本种类与形状如图 1-25 所示。

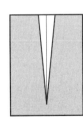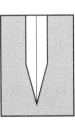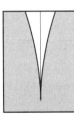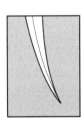

(a) 橄榄形省　　(b) 锥形省　　(c) 冲头形省　　(d) 胖形省　　(e) 弧形省　　(f) 折线形省

图 1-25 省的基本种类和形状

3. 折裥

折裥可使服装起到一种宽松和展开的作用，达到符合人体活动展开的效果。一般服装采用收裥既能满足球形人体的要求，又能使服装形成各种宽松的造型特点。

一般折裥有平行折裥和旋转折裥。所收裥的形状有对称收裥、一顺收裥、有规则收裥和收碎裥。收裥一般是将一头固定，其他部位可以自然展开，以满足人体运动的范围，达到宽松的效果。收裥之后可旋转展开、平行展开、一顺展开，效果如图 1-26 所示。俗话说：省是"死"的，裥是"活"的。这句话充分突显出省与裥的特点，可见收省和折裥在服装设计中的重要作用（图 1-26）。

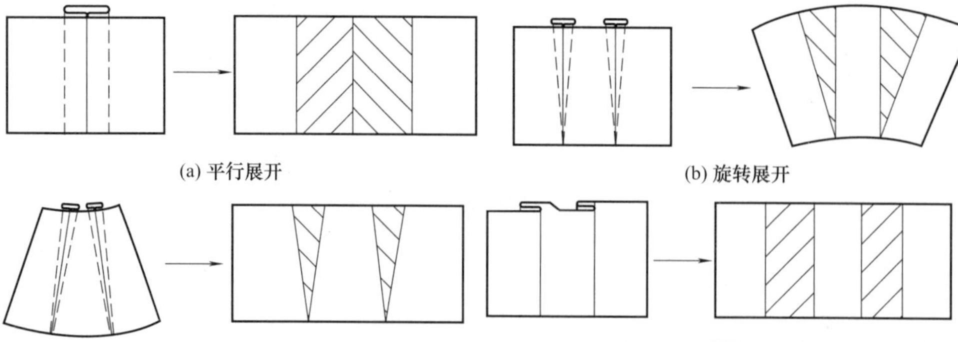

(a) 平行展开　(b) 旋转展开　(c) 旋转展开　(d) 一顺展开

图 1-26　折裥的展开效果

二　缝针的规格与用途

作为一名缝纫工无论是机缝还是手缝，了解机针和手缝针的规格和用途是十分重要的。下面介绍手缝针和机针的规格和用途。

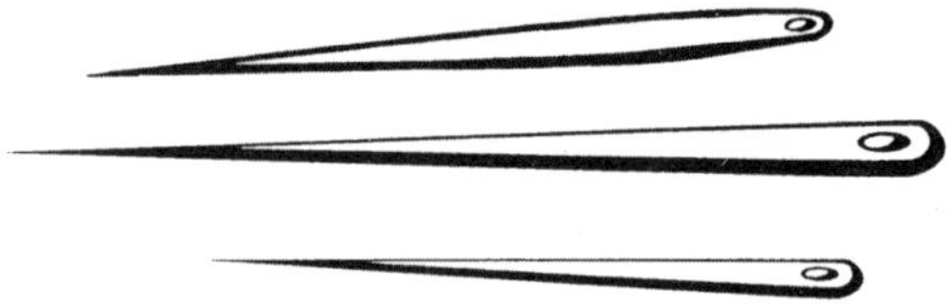

图 1-27　手缝针

1. 手缝针

常用的手缝针是手工缝制物品的基本工具，手缝针规格是用“号”来区分的，手缝针号数越小，针杆越长而粗；手缝针号数越大，针杆越短而细，如图 1-27 所示。

2. 手缝针的型号与用途

不同型号的手缝针有不同的用途，见表 1-28。

表 1-28　手缝针型号与用途　　单位：mm

型　号	长　度	粗　细	用　途
4	33.5	0.08	一般用于钉纽扣
5	32	0.08	一般用于锁眼钉纽扣
6	30	0.071	一般用于锁眼、扎边、滴针
7	29	0.061	一般用于扎边、滴针
8	27	0.061	一般用于缲针、绷缝
9	25	0.056	一般用于缲针、绷缝
长 9	33	0.056	常规手缝
其他特殊手工针			用于其他特殊手缝

3. 机针

机针也称为缝纫机针。机针是成缝的主要构件，其作用是带线穿刺面料，在上下回升时形成线环以便成缝器钩取线环，而形成线迹。虽然目前市场上缝纫机针种类较多，外形也各有区别，但它们的基本结构是有共同之处的。在常规的服装生产过程中使用最多、最普通的是平缝机针，如图 1-28 所示。

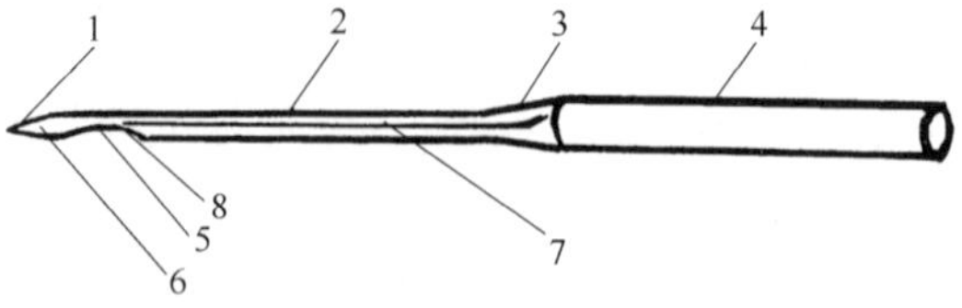

图 1-28　平缝机针基本结构示意图

1—针尖；2—针杆；3—针梢；4—针柄；5—针孔；6—短容线槽；7—长容线槽；8—曲挡

常用缝纫机针分为两种，一种是家用

缝纫机针；另一种是电动缝纫机针。两者之间的主要区别在于：家用缝纫机针针杆是扁的；而电动缝纫机针针杆是圆的，如图1-29所示。缝纫机针的规格一般用"号"或"♯"来区分，号数越大，针杆越粗；号数越小，针杆越细，特殊情况下也有特殊型号的缝纫机针。

常用的缝纫机针针尖有三种：普通针尖，抛物线形针尖、球形针尖，如图1-30所示。机针的缝纫性能主要凸显在针尖，既不损伤面料，又运线流畅，不会断线，使成衣后的缝纫线迹清晰、美观、规则。机针为了在穿透面料时尽量减少阻力，就必须保证针尖锋利，同时又能够保证服装面料组织不受到破坏。在平时缝制夏季服装的过程中，有些轻薄、较软的面料，机针穿透时会把纱线刺断，影响成衣质量。为了防止机针刺断纱线，也可将针尖端部位制成球形，这样就可以避免针尖直接穿刺纱线，起到保护面料的作用。

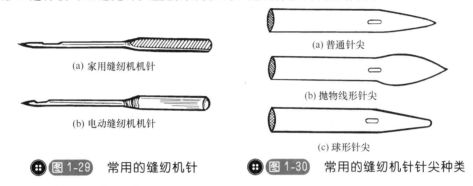

(a) 家用缝纫机机针

(b) 电动缝纫机机针

(a) 普通针尖

(b) 抛物线形针尖

(c) 球形针尖

图 1-29 常用的缝纫机针　　　图 1-30 常用的缝纫机针针尖种类

4. 电动机针的型号与用途

不同型号的电动机针有不同的用途，见表1-29。

表 1-29 电动机针的型号与用途

车针型号	面料名称
9♯	一般用于薄型丝绸、绸麻纱、薄纱布
11♯	一般用于绸缎、薄棉布、涤棉、色织布、针织涤纶
13♯～14♯	一般用于粗棉布、印花布、凡立丁、斜纹布
14♯～16♯	一般用于直贡呢、华达呢、牛仔布、人字呢、灯芯绒
16♯～18♯	一般用于大衣呢、雪花呢，及其他用于大衣、外套的呢料

第二章　电动平缝机介绍

❋ 第一节　电动平缝机的结构与功能

❋ 第二节　电动平缝机的使用

第一节 电动平缝机的结构与功能

 认识电动平缝机

工业缝纫设备即工业平缝机，它是服装加工所使用的主要设备，承担着完成服装的主要任务。随着服装面料的多样性、服装款式的多变性、服装功能的多重性以及服装各部位穿着性能和成品质量要求的不同，工业缝纫机的种类越来越多，功能越来越全，缝纫方式也越来越复杂。目前世界上工业缝纫机的种类已多达 4000 种以上，综合应用了电子、电脑、液压、气动等先进技术，强调系列化生产，采用一机多用及增加辅助装置来提高生产效率，适应产品的更新，促进了缝纫作业的自动化，体现了现代缝纫工业高精度、高速度的特点。现代工业缝纫机是由数百种甚至上千种机械零件组成的，若从完成一个线迹的过程来看，机针、梭子、挑线杆和送布牙是成缝的主要构件。

平缝机在服装缝纫设备中是最基本的一种，它又是服装缝制设备中最基本和最重要的设备之一。平缝机一般由动力结构、操作控制结构、成缝器结构、针距密度调节结构和缝料输送结构等组成。平缝机可按机速区分，3000～4000r/min 的为中速平缝机，而 6000r/min 以上的为高速缝纫机。工业缝纫机平均转速在 5000r/min 以上，它经久耐用，且在高速运转中不易发生故障，讲究效率和专用。缝纫机有单针平缝机和双针平缝机之分，有些平缝机还带有电脑控制机针定位设置、自动回针设置，以及修剪线头和抬升压脚等功能。以不同的缝纫需求，可将工业缝纫机分为通用缝纫机、专用缝纫机、特种缝纫机、饰锈缝纫机四大类。

平缝机看起来简单，但实际操作起来并不一定简单。因此了解平缝机是非常重要的，如果能熟练掌握和使用平缝机，就为其他缝纫设备的操作打下了基础，将来学其他设备就较为容易。

在上机练习前一定要了解平缝机的部位、结构。对不了解的部位不要随意动手操作，待了解后才可上机操作。

 电动平缝机的基本结构

电动平缝机主要由电源开关、踏脚板、压脚操纵杆、电动机、针杆、压脚、机针、面线调节器、回针杠杆、针距调节器、倒线器、调压螺丝、皮带轮、线架、工具抽屉等组成，如图 2-1 所示。

 电动平缝机的主要名称与功能

(1) 电动机开关 电动机开关一般安装在机器台面的右下方，其作用是控制电动机的电

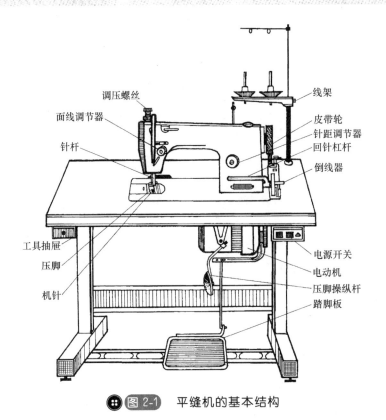

调压螺丝
面线调节器
针杆
线架
皮带轮
针距调节器
回针杠杆
倒线器
工具抽屉
压脚
机针
电源开关
电动机
压脚操纵杆
踏脚板

图 2-1　平缝机的基本结构

源。一般配有 2 个按钮："ON"为开机按钮（一般为黑色），开机时微有振动："OFF"为停机按钮（一般为红色），停机时，电动机还有惯性，需慢慢运转后才会停下。

（2）踏脚板　踏脚板是控制平缝机起动、运行、快慢、停止的部件。轻踩时缝纫速度变慢，重踩时缝纫速度变快，脚后跟用力向后时就是自动切线。一般右脚在前，左脚在后，启动时右脚踩踏脚板，停止时左脚后跟踩踏脚板。需转动皮带轮时，只要把踏脚板轻轻向下踩一点，即可转动皮带轮。

（3）压脚操纵杆　压脚操纵杆主要用于抬起压脚。操作时将右膝向外推动压脚操纵杆，压脚就自动抬起。当你收回右膝，压脚就自然降下。在操作压脚上下的同时，上线张力器也会开闭。

（4）电动机　电动机安装在车台的右下方，主要用于带动平缝机的运转。一般电动机有380V 和 220V 两种，当电动机运转时，由传动皮带传动皮带轮，带动平缝机。

（5）针杆　针杆是带动机针上下运动的部位，使机针达到刺料目的。

（6）压脚　压脚的作用是不让布料左右移动，有压制作用。

（7）机针　机针装在针杆下端。一般针柄上刻有号数，数字越大，机针越粗，所缝制的面料也越厚。

（8）面线调节器　面线调节器有调节面线张力的功能。当正常运转时，面线保持与底线基本一致的压力；当机器停止时，面线的压力变小。

（9）回针杠杆　回针杠杆在机头右下方。当车缝起止要回针时，都要操纵此杆，起到倒缝功能的作用。

（10）针距调节器　针距的大小是由调节盘上的数字来决定的。一般数字越大，针距越大；数字越小，针距越小。在转动调节器时，应先压下回针杠杆，这样就能保证调节器运用自如。

（11）倒线器 倒线器位于机头的右侧，有将量大的缝纫线自动做成梭芯的作用。

（12）调压螺丝 调压螺丝在机头的左上方，是调节压脚压力的螺丝。随布料的种类与厚度不同，应适当调整压脚压力，这是缝纫时所必需的。

（13）皮带轮 皮带轮在机头的右侧。起着电动机与平缝机的传动功能，有时也可以用手转变，起着调整针距的作用。如果是操作普通平缝机，要转动皮带轮时，右脚要轻踩一下踏脚板。

（14）线架 线架是放置缝纫线的装置。线架的高度可以根据需要而定，也可调节其上下左右的位置。

（15）工具抽屉 工具抽屉在台面左侧下端，是放置小工具的地方。

第二节 电动平缝机的使用

 电动平缝机机针的安装方法

安装步骤如下（图2-2）。

第一，必须关掉电源再装机针。

第二，转动皮带轮，将针杆提到最高处，右手拿螺丝起子。

第三，先把固针螺丝松开，将机针根部插入针柱槽内，顶至最高点。针沟朝向左侧，凹进口朝向右侧。

第四，固定固针的螺丝。

第五，试用左手把机针向下拉，查看机针是否已固定，并查看针沟位置是否正确。

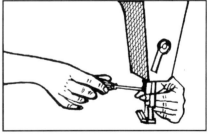

图2-2 电动平缝机机针的安装

 电动平缝机压脚的安装方法

安装步骤如下。

第一，右腿膝盖控制压脚操纵杆，使压脚提高或降下。

第二，将压脚缺口套在压脚杆上，位置要端正。

第三，放下压脚，使压脚顶住针板。

第四，固定压脚螺丝。

三　电动平缝机面线的穿法

穿线步骤如下（图2-3）。

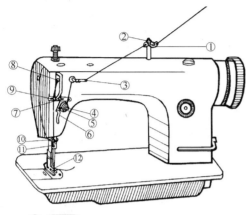

图2-3　电动平缝机面线的穿法

第一，转动皮带轮，将线杆升至最高位置。

第二，把缝线从线架的过线钩上拉下，穿入平缝机顶部过线（图中①）的右孔中。

第三，使缝线经过夹线板（图中②），自左孔中引出。

第四，使缝线经过三眼线钩（图中③）的3个线眼，向下套入夹线器（图中④）的夹线板之间。

第五，将缝线钩进挑线簧（图中⑤），绕过缓线调节钩（图中⑥）位置，向上钩进右进线钩（图中⑦）位置。

第六，将缝线穿过挑线杆（图中⑧）的线孔，然后向下钩左线钩（图中⑨），经过针杆套筒线钩（图中⑩），进入针杆线钩（图中⑪）。

第七，最后将缝线自左向右穿过机针（图中⑫）的针孔内，并引出10cm左右的线备用。

四　电动平缝机梭芯的做法

操作步骤如下（图2-4）。

第一，将梭芯（图中①）插入卷线轴。

第二，通过穿线孔（图中②），把线引入夹线器（图中③），再绕在梭芯3～4圈。

第三，将梭芯压杆片向前压上（图中④），待线绕满后，梭芯压杆片会自动弹起。

第四，梭芯压杆片要平齐，以使绕线平齐。在绕线效果图中图（a）为合格，图（b）、图（c）为不合格。

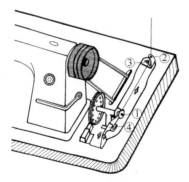
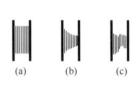

(a)　　(b)　　(c)

图2-4　电动平缝机梭芯的做法

五　电动平缝机梭芯的装法

操作步骤如下（图2-5）。

第一，先将梭芯通过倒线器绕满线，然后将其（图中①）顺时针方向套入梭壳内（图中②）。

第二，把线头拉入槽内（图中③），使线头滑入梭皮下面（图中④）。

第三，把线头拉进梭皮端位的导线孔内，最后留10cm线备用。

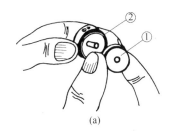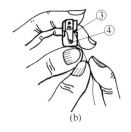

(a)   (b)

图 2-5　电动平缝机梭芯的装法

 电动平缝机梭壳的装法

操作步骤如下（图2-6）。

第一，把装好的梭壳抓把打开与地面成平行位置。

第二，将梭壳中心孔平行向右与梭子套入尽头，放下抓把，梭壳自动被锁住。

第三，一般在放置时出现"咔"的一声，证明放置正确到位。

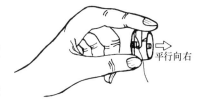

图 2-6　电动平缝机梭壳的装法

 电动平缝机压脚压力的调整

操作步骤如下（图2-7）。

第一，调整压脚压力须调节压脚调节螺丝。

第二，一般将压脚螺丝向右旋转压力变大。

第三，一般将压脚螺丝向左旋转压力变小。

第四，缝纫操作时，根据面料的厚度和工艺要求进行压脚压力的调整。

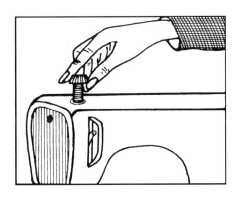

图 2-7　电动平缝机压脚压力的调整

 电动平缝机线迹的调整

操作步骤如下。

第一，调节缝纫线迹一般可调节面线调节器和梭皮压力螺丝。

第二，面线需变松时，将面线调节器向左转动；面线需变紧时，将面线调节器向右转动，如图 2-8 所示。

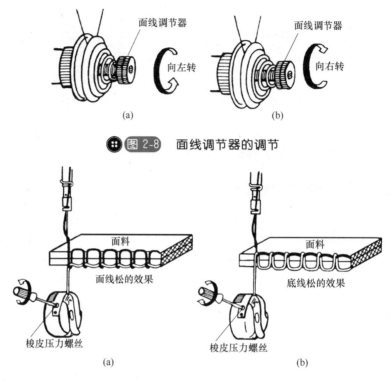

(a)　　　　　　　　　　　(b)

⊞ 图 2-8　面线调节器的调节

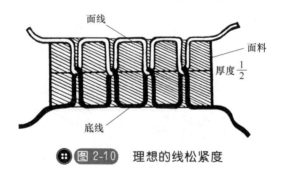

(a)　　　　　　　　　　　(b)

⊞ 图 2-9　梭皮压力螺丝的调节

第三，底线变松时，将梭皮压力螺丝向左转动；底线变紧时，将梭皮压力螺丝向右转动，如图 2-9 所示。

第四，理想的线松紧度应为：面线和底线的交点在布料中间，如图 2-10 所示。

⊞ 图 2-10　理想的线松紧度

第三章 电动平缝机的使用方法

❋ 第一节　电动平缝机的基础操作

❋ 第二节　电动平缝机基础知识与练习

第一节　电动平缝机的基础操作

操作电动平缝机时，正确的姿势极为重要。因为长时间采用不正确的坐姿，不仅容易产生身体疲劳，而且也会影响产品质量与生产数量。下面介绍操作电动平缝机时的正确姿势。

 ## 椅子的高度标准

一般生产操作时所坐的椅子不宜过低或过高。正确的高度应是在你坐下时脚底可平放于地面，且膝盖处基本成垂直角，使大腿部位能保持水平状态。在图3-1中，（a）所示的椅子太高，（b）所示的椅子太低，（c）所示的椅子高度正确。

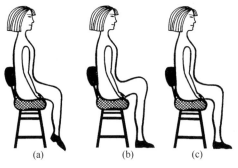

(a)　　　　(b)　　　　(c)

🔘 图3-1　椅子的高度标准

 ## 电动平缝机台面的高度标准

电动平缝机台面的高度不仅影响生产数量，而且也影响产品质量。一般坐下后，手臂下垂，桌面的高度与肘关节基本平齐。在图3-2中，（a）所示的电动平缝机台面太低，（b）所示的电动平缝机台面太高，（c）所示的电动平缝机台面高度正确。

(a)　　　　(b)　　　　(c)

🔘 图3-2　电动平缝机台面的高度标准

电动平缝机压脚操纵杆的高度标准

一般抬起电动平缝机压脚，除手工操作外，均由膝盖控制压脚操纵杆来完成。它的位置不正确，会影响工作效率，也会使人产生疲劳感。当确定好椅子的高度和电动平缝机台面的高度后，调节好压脚操纵杆的位置也非常重要。它的正确位置是在右膝外侧部位。在图3-3中，（a）所示的压脚操纵杆偏低，（b）所示的压脚操纵杆偏高，（c）所示的压脚操纵位置适当。

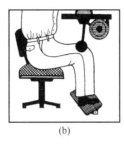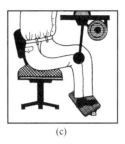

(a)　　　　　　(b)　　　　　　(c)

图 3-3　电动平缝机压脚操纵杆的高度标准

 操作电动平缝机的坐姿

开始操作电动平缝机时，坐姿很重要。一般要保持自然，身体挺直平稳，坐下的部位应占椅子台面的2/3处，鼻子的中心位置应正对针杆，如图3-4所示。

图 3-4　操作电动平缝机的坐姿

 操作电动平缝机双手放置的位置

在操纵电动平缝机时，两手一般放在正前方，左手在前，右手在后（如缝制特殊工艺产品时会有变化）。通常左手控制面料向前、向左、向右运动，右手控制面料后段摆动及理顺好上下层之间的松度，如图3-5（a）所示。如缝制特殊产品时，右手须放在机头前方起牵引作用，原来右手的任务就归为左手一起承担，如图3-5（b）所示。

操作电动平缝机双脚放置于踏脚板的位置

操作电动平缝机时，双脚放置于踏脚板的位置是右脚在前、左脚在后（图3-6）。一般启动电动平缝机时用右脚脚尖将踏脚板踏下，停止时用左脚脚跟或左右两只脚脚跟将踏脚板踏下。

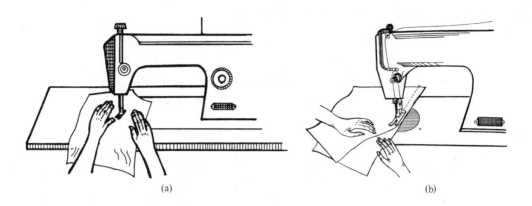

(a)   (b)

⚙ 图 3-5   操作电动平缝机双手放置的位置

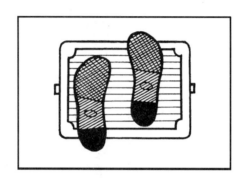

⚙ 图 3-6   双脚放置于踏脚板的位置

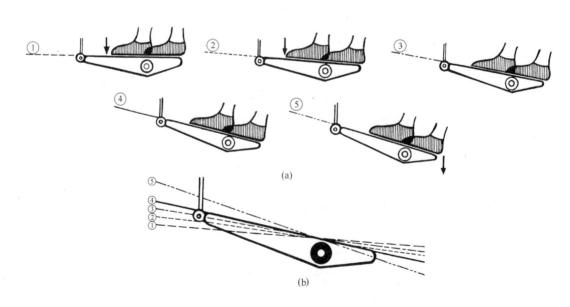

(a)

(b)

⚙ 图 3-7   电动平缝机踏脚板的控制

电动平缝机踏脚板的控制与缝纫速度

控制踏脚板是控制电动平缝机缝纫速度的关键，正确熟练控制踏脚板，需要经常练习，反复操作，从中找到一些经验，就能达到要求。踏脚板的控制不同，缝纫速度则不同，如图3-7所示。

图中①当右脚将踏脚板用力踏下，则为高速车缝状态。

图中②当右脚将踏脚板稍用力踏下，则为一般慢速车缝状态。

图中③当双脚轻踏在踏脚板上，不压下，为停止车缝。

图中④当双脚轻踏在踏脚板上，向下稍压一点，但电动机不启动，此时可以方便皮带轮转动。

图中⑤当左脚脚跟或右脚脚跟将踏脚板向后踏下，电动机立即停止工作（自动切线电动平缝机将会自动切线）。

 # 第二节 电动平缝机基础知识与练习

 电动平缝机开启和关闭动作与练习

一般开启电动平缝机用大拇指按下"ON"按钮，则听到电动机启动的轻微声音，同时会感到机台的轻微抖动。关闭电动平缝机可用大拇指或食指按下"OFF"按钮，电动机即断电，因为电动机还有惯性，所以运转会慢慢停止。

 电动平缝机装机针方法与练习

必须关掉电源再装机针。右手转动皮带轮，使针杆提至最高处，将针杆装针螺丝松开，装入机针，针沟向左，机针的凹进口向右，待位置正确后再固定固针螺丝。反复练习20次。

 电动平缝机装压脚方法与练习

右腿膝盖控制压脚操纵杆，提高压脚操纵杆。套正压脚与压脚操纵杆位置，放下压脚，顶住针板，固定压脚螺丝。反复练习20次。

 电动平缝机穿线顺序与练习

了解正确的穿线动作与方法，仔细观察，记熟正确的穿线线路，练习快速的动作，掌握操作技巧。

电动平缝机必须穿线后才能缝纫，穿线正确才能缝纫出良好品质的服装。在缝纫过程中，经常出现断线，因此穿线速度越快越能节约时间。

 五　电动平缝机缝纫和刹车方法与练习（空车、不装针、不穿线、不装梭芯、不压压脚）

把双脚正确地放在踏脚板上，右脚脚尖向下轻轻踩踏，电动机就开始运转。压力越大，缝纫速度越快。当右脚脚尖向上抬起，左脚脚跟向下，电动机即停止运转。开始练习时，应由慢渐渐加速，同时了解电动机的性能。

取一块正方形面料，放置压脚下，练习开始、刹车、开始、刹车，也可练习缝纫面料从一端到另一端，抬起压脚，转90°，再放下压脚，继续缝纫。同时培养使用电动平缝机的技巧。如此反复练习，就能熟练掌握电动平缝机运行和停止的规律。

 六　电动平缝机压脚操纵杆使用方法与练习

使用时用右膝向外推动压脚操纵杆，查看压脚被抬起的高度。掌握控制压脚抬高高度的力量，以便在缝制过程中，根据特殊缝制工艺要求而灵活运用。

 七　电动平缝机回针操作方法与练习

开始做回针练习时，可以将面料上做一个记号。左手按住面料，右手操作回车杠杆，确认成逆转之后，随即轻轻放开，右手速回到电动平缝机手法操作位置，继续缝纫，常规缝纫回针一般需3～4针。练习时必须把回针回到所做记号的位置。

八　电动平缝机手、脚、眼配合

在进行电动平缝机练习时，速度应由慢到快，渐渐提高，如提速过快，会造成断线的现象。练习时需要用脚来控制踏脚板，用手来控制布料，用眼睛来观察缝纫位置是否正确，三者必须完全配合，并且要把握好电动平缝机的缝纫速度。转弯时要变慢缝或停止，这些配合的动作几乎发生在同一时间里。如果能熟练完成这些动作，就证明手、眼、脚的配合基本没问题了。否则在进入服装生产线后，缝纫技术与质量易存在问题，而且产量偏低。

服装缝纫生产线不仅仅讲究服装质量，也讲究缝纫速度。在服装缝纫时，尽量使用高速度缝纫，这样才能提高生产效率。当有些地方较复杂时，不可能高速度缝纫，那就要慢下来，巧妙运用电动机运行的惯性与规律完成这些较复杂的工艺。但完成了较复杂的工艺之后，仍须以高速度缝纫来操作，这些都是需要熟练掌握手、眼、脚的配合来完成的。

缝纫线距尺寸判断练习方法与练习

要求经常练习，掌握用肉眼判断尺寸宽度的能力。掌握尺寸宽度与针板位置的关系，掌握尺寸宽度与压脚位置的关系，可以避免在缝纫中的误差，达到提高产品质量与速度的能力。常规的尺寸判断有：缝迹宽度判断，做缝宽度判断，成衣折边判断。一般常用的尺寸是 0.1cm、0.2cm、0.3cm、0.6cm、0.8cm、1cm、1.2cm、1.5cm、2cm、2.5cm、3cm、4cm、5cm 等。

缝纫线距宽度判断练习纸样如图 3-8 所示。

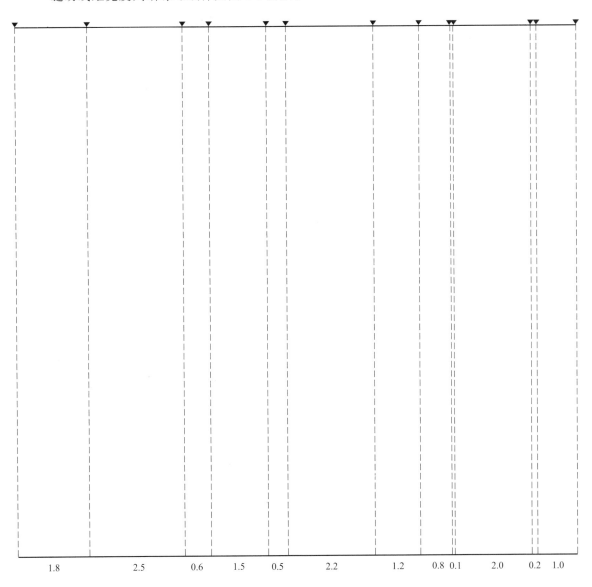

1.8 　　2.5 　0.6 　1.5 　0.5 　2.2 　1.2 　0.8 0.1 　2.0 　0.2 　1.0

图 3-8 缝纫线距宽度判断练习纸样

第四章 电动平缝机基础缝纫练习

❀ 第一节 基础缝纫练习

❀ 第二节 基础缝纫方法

第一节 基础缝纫练习

一 电动平缝机基本运转练习

1. 电动平缝机空车运转练习

在进行电动平缝机空车运转练习前应先旋松离合螺钉，以减少电动机头内部零件不必要的磨损，并扳起压脚杆扳手使之抬起压脚，避免压脚与送布牙之间产生相互磨损。

操作工姿势坐正，把双脚放在电动平缝机的踏脚板上，轻轻踏下，使电动平缝机慢速运转、中速运转、快速运转，并随意停止。还要进行电动平缝机一针一针空车运转的练习，以达到操作踏脚板自如的程度。

2. 装针空车缝纸练习

一般在较好地掌握了控制空车运转的基础上即可进行不穿缝纫线的缝纫练习，先装上机针，再将旋松的离合螺钉旋紧。一般采用双层牛皮纸，它在反复缝纫后不易损坏。开始练习时先缝直线、曲线，再缝弧线。也可进行不同距离的平行直线练习及弧线练习。为了增加缝纫难度，同时也可以进行不同形状的几何形练习，如圆形、长方形、菱形、三角形的练习。这样可以培养手、脚、眼的协调。要基本做到：线迹平齐、直线不弯、弧线不起角、直角落针到位、转弯不变形的缝纫要求。

3. 装针穿线缝纫练习

在前面两项练习的基础上进行装针穿线缝制练习。在正常的缝纫操作中要求做到不断线、不跳针、针迹平整、张力适宜。并且须将缝纫底面线的松紧调节正确。要做好手、脚、眼的配合，渐渐达到熟练的程度，在直线、转弯、三角、圆弧等处操作自如。

通过以上各项练习，基本能够掌握使用电动平缝机的方法，但还需在今后的工作中不断实践、不断完善，使自己的技能水平达到缝纫生产线的要求。

二 由压脚判断缝纫宽度

平缝机压脚的宽度如图 4-1 所示。了解了压脚的宽度后，可根据压脚在布料的位置判断缝纫后的吃缝量，如图 4-2～图 4-6 所示。

三 直线练习

取一块 90cm 门幅宽、100cm 长的面料，直丝方向沿边开始进行直线缝纫练习，每条线间隔为 1cm，要求顺直平行，如图 4-7 所示。开始与结束时缝纫速度应放慢，但中间处应增加速度。

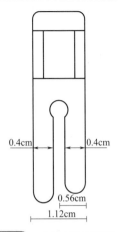

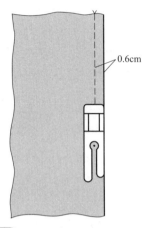

图 4-1 平缝机压脚的宽度

图 4-2 当布料与压脚右外侧边平齐时，缝纫后的吃缝量为 0.6cm

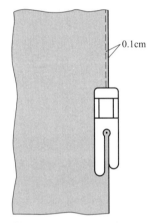

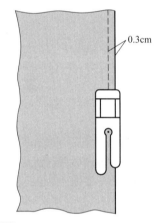

图 4-3 当布料与压脚右内侧边平齐时，缝纫后的吃缝量为 0.1cm

图 4-4 当布料边在右半压脚宽 1/2 处时，缝制后的吃缝量为 0.3cm

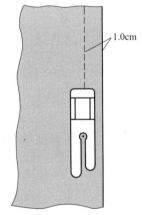

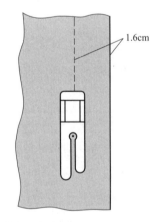

图 4-5 当布料边在压脚右侧并移出半个压脚宽时，缝后的吃缝量为 1cm

图 4-6 当布料边在压脚右侧，并移出一个压脚宽时，缝后的吃缝量为 1.6cm

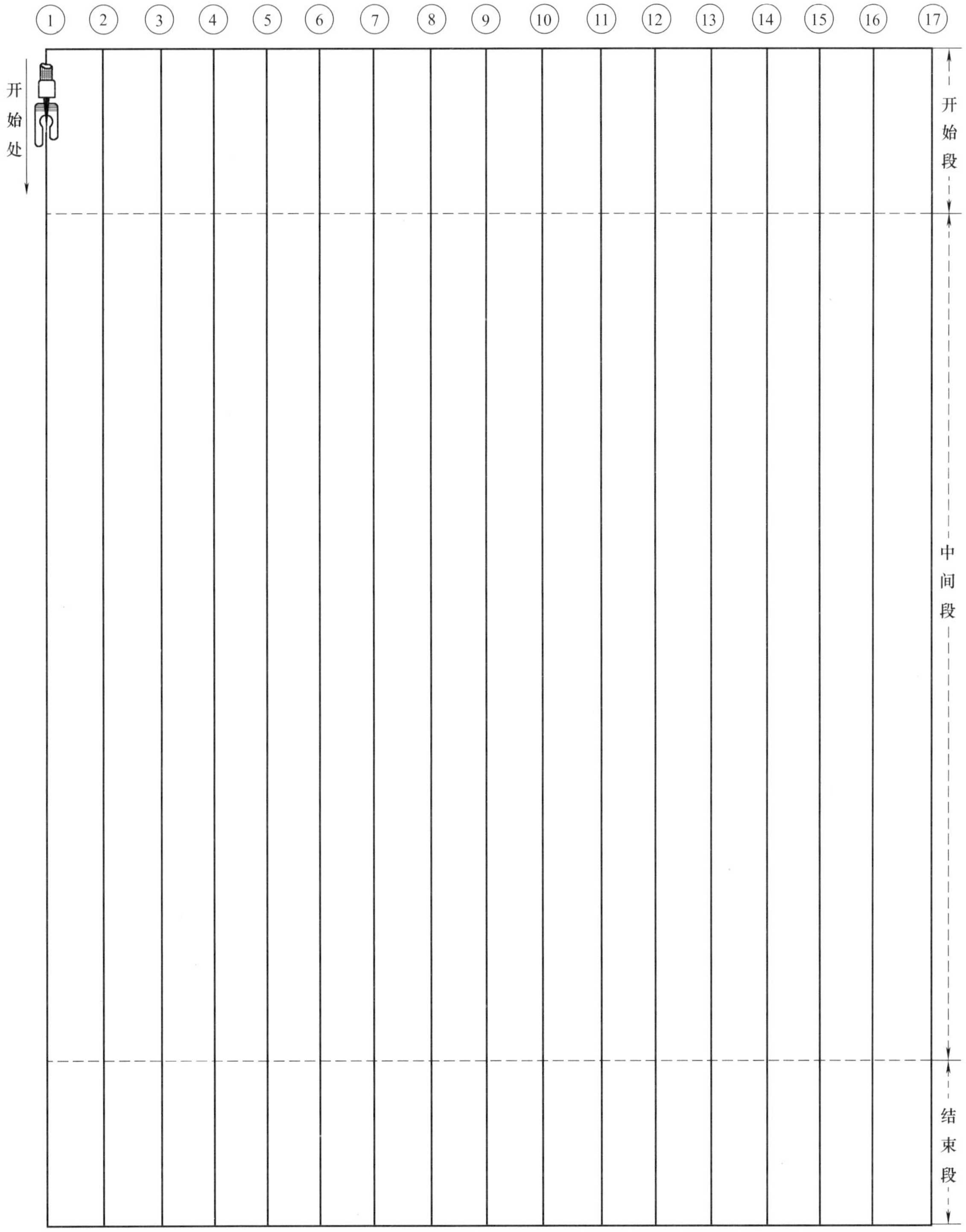

① ② ③ ④ ⑤ ⑥ ⑦ ⑧ ⑨ ⑩ ⑪ ⑫ ⑬ ⑭ ⑮ ⑯ ⑰

开始处

开始段

中间段

结束段

图 4-7　直线练习

四 曲线练习

取一块 90cm 门幅宽、100cm 长的面料，相隔 25cm 处画一根线，沿布边开始进行 1.5cm 斜度直线练习，每条线间隔为 1cm。在 25cm 处转折，要求顺直、平行，转折点在相隔 25cm 处的线上，上下边直角缝纫到位，曲折处转折角缝纫到位，如图 4-8 所示。

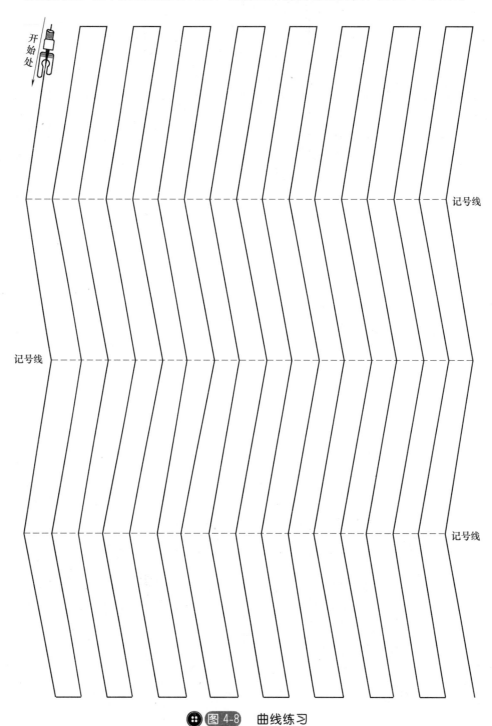

图 4-8　曲线练习

正方形练习

取一块 90cm 门幅宽、90cm 长的面料，沿边向里切正方形线，每条线间隔为 1cm，如图 4-9 所示。每个直角处要求垂直，做到直角缝纫到位，每条线要求平行。

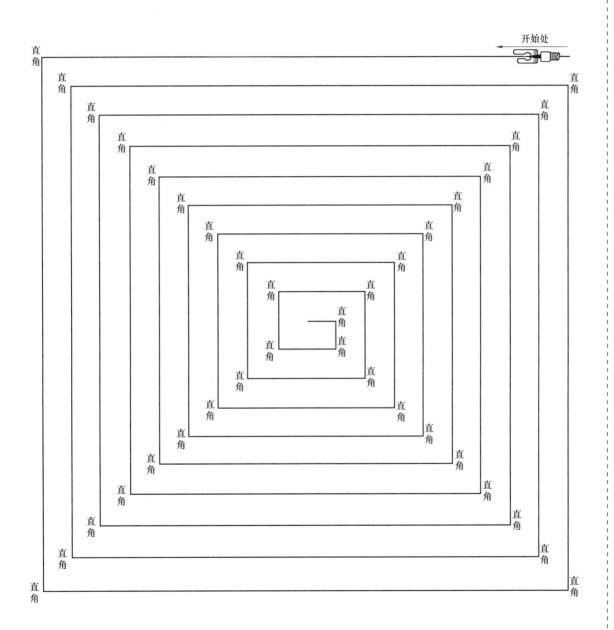

⊞ 图 4-9 正方形练习

六 圆弧形练习

取一块 25cm 宽、25cm 长的面料，把图 4-10 所示的图案复印在纸上，然后将布料垫在下面，进行弧线练习。线距为 1cm，要求圆顺、平行、不走形。

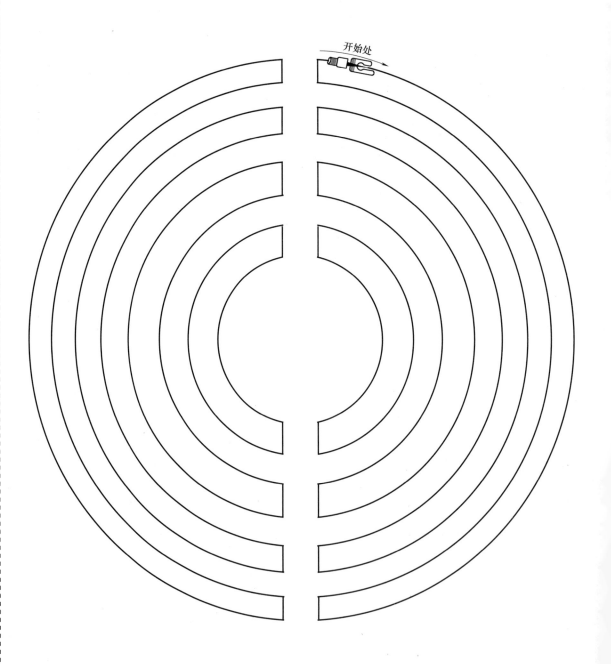

开始处

图 4-10　圆弧形练习

七　倒回针练习

　　取一块 90cm 门幅宽、100cm 长的面料，每条线间隔为 1cm 缝制，相隔 20cm 处需倒回针 4 针，作"H"记号为倒回针处，如图 4-11 所示。要求回针不少于 4 针，也不能超过 4 针，回针不能有双轨线，前后回针位置必须在记号线以内。

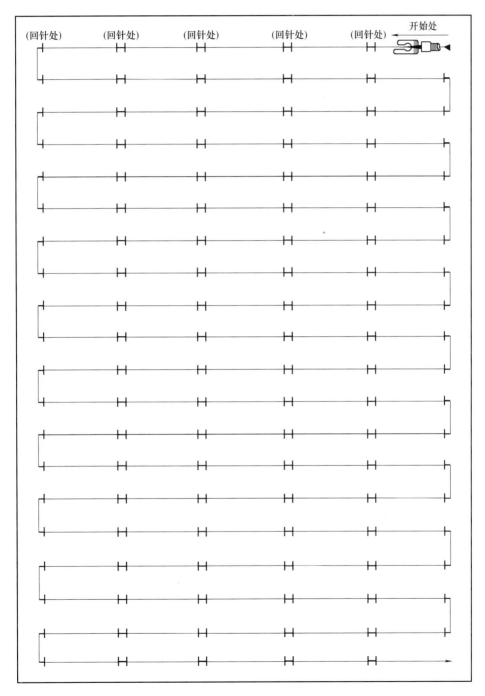

图 4-11　倒回针练习

八 英文字母图形练习

取一块 25cm 宽、25cm 长的面料，把图 4-12 所示的图案复印在纸上，将布料垫在下面，进行字母切线练习。每条线间隔为 1cm，直角处、尖角处、弧形处要缝纫到位，并圆顺、平直。

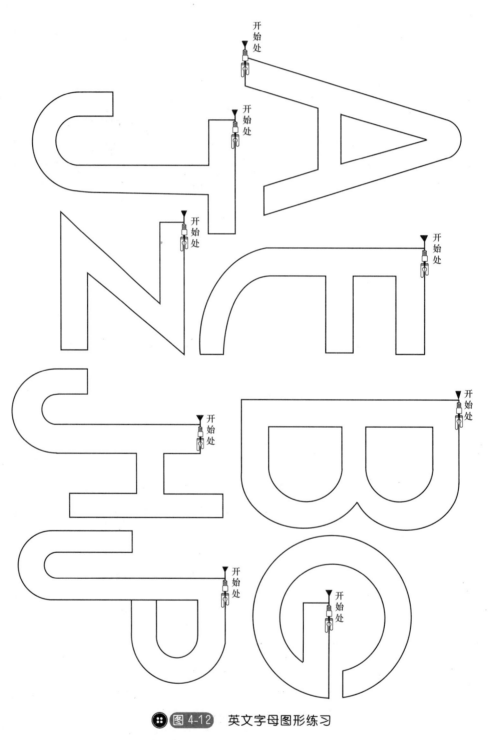

⊞ 图 4-12　英文字母图形练习

九　快速缝纫练习

取一块 25cm×25cm 的面料，将压脚抬起，布料放在压脚下进行缝纫练习，快到另一边时练习刹车，再将压脚抬起，速将布料旋转 90°（即另一条边），放下压脚，继续缝纫，如图 4-13 所示。操作的程序是：抬压脚→放下压脚→回针→缝纫→高速缝纫→缝纫→回针→刹车。如此反复练习，做到随心所欲，能自如地控制这些过程，就会使电动平缝机的操作速度变快。

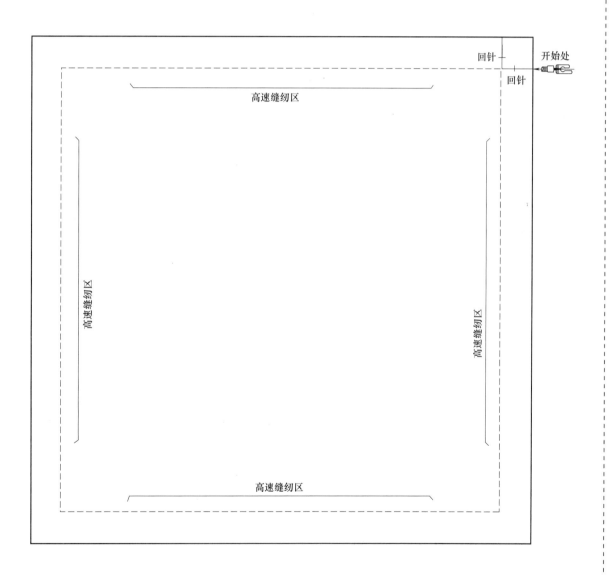

图 4-13　快速缝纫练习

第二节 基础缝纫方法

 平缝缝纫方法

平缝是机缝中最基本、使用最广泛的一种缝法，一般也称合缝、拼缝，如图 4-14 所示。适用于服装各部位的基本缝纫。

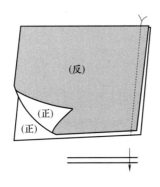

图 4-14 平缝缝纫方法

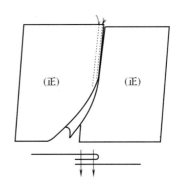

图 4-15 扣压缝缝纫方法

（1）方法

① 取两片布料正面相对，上下平齐。

② 沿所留缝头一般为 0.8～1.0cm 缝合，在开始和结束需倒回针。

（2）要求 缝线直顺，宽窄一致，布料上下松紧一致，成品平整。

 扣压缝缝纫方法

扣压缝是先将上层布料毛边翻转，扣压在下层布料上的一种缝法，如图 4-15 所示，多用于服装的贴袋和过肩等拼接部位。

（1）方法

取两块布料，正面朝上。其中一块布料放在下层，一块布料放在上层，将上层布料毛边翻折 1cm，正面切 0.1cm 和 0.6cm 的双线。

（2）要求 针迹整齐、宽窄一致，折边平服不露毛边。

 卷边缝缝纫方法

卷边缝是将布料毛边做两次翻折后缉缝，如图 4-16 所示，多用于裤子脚口和上衣下摆等处。

（1）方法

① 取一片布料，反面向上，将需缉卷边的一侧先折出宽约 2cm 折边，然后再转折 2cm 的折边。

② 沿第二次折转 2cm 折边的止口 0.1cm 处缉缝线。

（2）要求　折卷的衣片平服、宽窄一致、不起皱、无涟形现象。

四　别缉缝缝纫方法

别缉缝又称 Z 字形缝，是将被剪开的面料两边毛口缝缉在下层垫布上，并实现拼接的缝迹，如图 4-17 所示。多数用于衬布和省缝暗藏的部位。

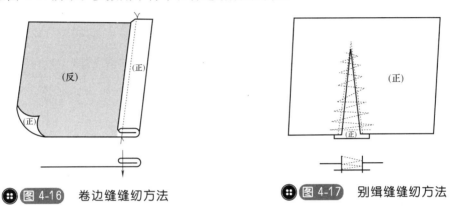

图 4-16　卷边缝缝纫方法　　　　图 4-17　别缉缝缝纫方法

（1）方法：

在一块衬布的中间剪去一个省份，然后在衬布省口下垫一块衬布，分别将剪去省份的两边毛口与衬布拼接缉牢，然后再在省份处来回做 Z 字形缝迹。

（2）要求　平服、不起皱、不脱落。

五　外包缝缝纫方法

外包缝是一种以布边包布边的缝制方法，一般适用于服装布料不锁边的缝口处，在正面可以看到双线。可用于裤子的侧缝、裆缝、上衣的摆缝、肩缝等。

（1）方法

① 将两块面料对齐，反面与反面相对，并将下层包转上层 0.8cm，沿边缉第一道线，如图 4-18（a）所示。

② 将缝头反折，从正面沿边缉第二道线，如图 4-18（b）所示。

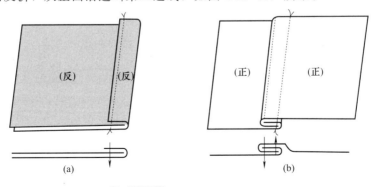

（a）　　　　（b）

图 4-18　外包缝缝纫方法

（2）要求　缝份折转平齐，止口整齐，双线宽窄一致。

六　内包缝缝纫方法

内包缝是一种以布边包布边的缝制方法，一般适用于服装布料不锁边的缝口处，在正面只能看到一道切线。可用于裤子的侧缝、裆缝、上衣的摆缝、肩缝等，其特点是结实牢固等。

（1）方法

① 将两块面料对齐，正面与正面相对，并将下层包转上层0.8cm，沿边缉第一道线，如图4-19（a）所示。

② 将缝头反折，从衣片正面切一道线，如图4-19（b）所示。

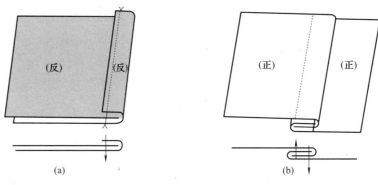

(a)　　　　　　　　　　　(b)

图 4-19　内包缝缝纫方法

（2）要求　缝份折转平齐，止口整齐、平服，第二道切线不落针。

七　漏落缝缝纫方法

漏落缝也称灌缝，是一种将线迹藏于分缝槽内的方法。一般用于服装挖袋或镶嵌缝。

（1）方法

① 将两块面料正面相拼，平缝1cm宽一道线，如图4-20（a）所示。

② 分缝烫平，将上层翻折向下，正面沿缝份开片处缝缉第二道线，线迹要在凹槽内，如图4-20（b）所示。

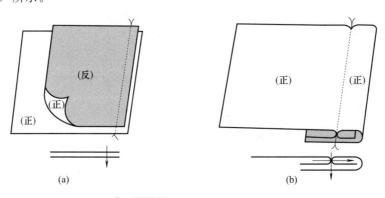

(a)　　　　　　　　　　　(b)

图 4-20　漏落缝缝纫方法

（2）要求

① 翻折边平服、不倾斜、宽窄一致。

② 第二道缉线必须在凹槽内。

 咬合缝缝纫方法

咬合缝是一种需经过两次缝迹的工艺，是将三层布料的毛边全部包转在内的缝法。多用于装腰头、装领子、装袖头等部位。

（1）方法：

① 将两片布料正面与反面相对，平缝第一道线，如图 4-21（a）所示。

② 将下层布料翻转向上，布边向里折边 1cm，盖在第一道线上并超出 0.1～0.2cm，然后在折边上缉第二道线，如图 4-21（b）所示。

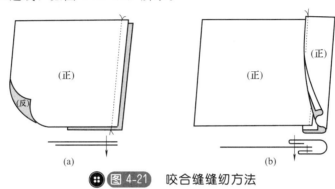

⊞ 图 4-21 咬合缝缝纫方法

（2）要求 咬缝宽窄一致、平服，切线不脱落。

 坐缉缝缝纫方法

坐缉缝是一种在平缝的基础上缝倒在一边，并缝缉一侧缝的缝法，也称分压缝、坐倒缝，在服装中应用较多，例如裤子侧缝、后缝、衬衫的摆缝等处，起固定缝口、增强牢度的作用。

（1）方法

① 取两块布料，正面相对重叠，先对齐一边做平缝，如图 4-22（a）所示。

② 平缝后，将缝头倒向一边，如图 4-22（b）所示。

③ 从衣片正面沿翻折边缉明线，如图 4-22（c）所示。

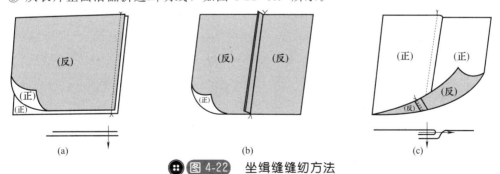

⊞ 图 4-22 坐缉缝缝纫方法

（2）要求 压倒缝不脱落，缝份平服，无皱缩现象。

 搭缝缝纫方法

搭缝是将两块布料连接，在缝口处平叠后居中缝缉，一般用于衬布或暗藏部位的拼接。

（1）方法

① 衣片正面朝上，将缝头互相搭合在一起，如图 4-23 所示。

② 所留缝头量按工艺技术要求。

（2）要求　线迹平直，上下片结合处不起皱，缝量按工艺要求，如图 4-24 所示。

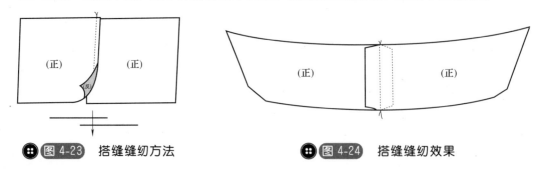

😊 图 4-23　搭缝缝纫方法　　　　😊 图 4-24　搭缝缝纫效果

十一　来去缝缝纫方法

来去缝也称反正缝、筒子缝，起替代拷边的作用，一般适用于女衬衫、童装的摆缝、肩缝等。它是一种将布料正面缝合后再反面缝合，要求布料正面不露明线的缝型。

（1）方法

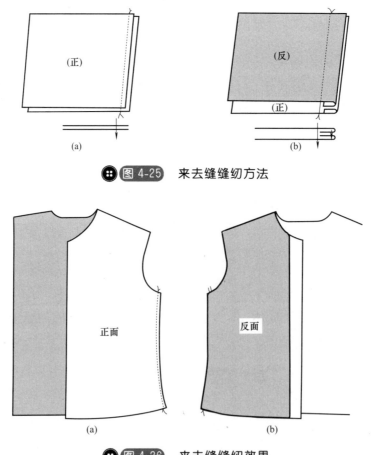

😊 图 4-25　来去缝缝纫方法

😊 图 4-26　来去缝缝纫效果

① 来缝，先将衣料反面相对，正面向外对齐，沿边缉一道明线 0.3cm，如图 4-25（a）所示。

② 去缝，缝合后翻折，布料正面相对，沿边缉第二道 0.6cm 明线，如图 4-25（b）所示。

（2）要求　缝份平齐、均匀、宽窄一致，正、反面均无毛头出现，如图 4-26 所示。

第五章 缝纫不同面料的工艺要求

缝纫针织面料的工艺要求

针织物从弹性上大致分为两种，一种是横向和纵向都可随人体的曲线延伸与回缩的，稳定性较差，如紧身羊毛针织衣等；另一种基本与机织物相同，但富有弹性，穿着时并非贴身而可以自如的活动，如加氨纶丝的棉针织衣裤等。这两种类型的针织面料在裁剪之前，都需堆放24小时左右，使其在松弛状态下自然回缩。

针织面料缝制时均有一定的伸缩性，缝制时应须自然向前推送。一般在缝纫之前，应调试缝纫张力、针迹长度和压脚的压力，使其保持弹性，缝线又不会断开。缝纫时，轻轻拉住面料，给缝线增加一些弹性，防止缝纫皱纹，但又不可拉得过紧，否则会出现波浪状。为防止轻薄针织料嵌入针眼内，采用直形针迹压脚和压板较为适宜，缝纫之前须紧紧拉住面、底线的头，并压在压脚后。

 缝纫轻薄面料的工艺要求

一般轻薄透明的面料如东风纱、欧根纱、巴里纱、乔其纱及细棉布等，因其轻飘的特点给裁剪与缝纫带来了一定的难度。

裁剪这些面料时主要应防止其滑移、歪斜。为此可在找准经纬方向铺平待裁时，用大头针予以固定，剪裁时剪刀要锋利，面料层数不宜过多，避免因剪刀移动带动面料，而产生走形。

缝纫时为了避免面料的损伤，可以在面料下垫一张薄纸。一般用9～11号针缝制，透明面料的缝份要窄，一般有0.3～0.5cm即可。为此必须注意修整，锁边要密实整齐，可用来去缝控制住缝头的宽度。

透明衣服一般不使用粘合衬，也少有贴边，目的是保持其原有的透明效果。此类面料的熨烫要格外小心，应先在碎料上进行温度试验，待温度、蒸汽都适宜时，再正式熨烫。在熨烫缝合线时，应垫一块水布或毛布，以达到布面熨烫后的整洁与平服。

 缝纫花边织物的工艺要求

花边织物是有镂空花纹图案的衣料。由于其价格较贵、裁剪时须十分小心，不要造成浪费。小型花纹较密实，伸缩性不大，可以用一般面料的裁剪方法裁剪；而大花纹花边织物的透孔、花纹处均有一层网状物相连，使面料具有一定的伸缩性，使其裁剪和缝纫均有别于一般的衣料。裁剪时，当有大花纹在裁剪线上，应尽量保持花纹的完整，可沿花纹外形剪下，在缝制时将两个衣片的花纹位置对准，用搭缝的方法或用手工针密实地缝合。

 缝纫丝绒面料的工艺要求

丝绒、平绒、灯芯绒、长毛绒等表面有绒的面料均有倒顺问题，顺毛方向色浅、亮，倒毛方向色深沉、吸光。因为这些不同的特点，使绒毛织物在裁剪时需要特别小心，要反复核对好板子，不能出现有顺有倒的错误。

由于丝绒的绒毛较长，如双层裁剪极易出现参差不齐的现象，因此适宜将纸样别在面料上单层裁剪，尽量避免破坏绒毛效果。

在缝制时，将上下两片绒毛衔接绷缝固定好后再车缝。车缝应采用顺毛方向，轻拉下层，底线应适当调松，选用细针，每厘米5～6针线迹。由于丝绒面料缝后如拆开便容易留下痕迹，因此尽量不要出现返工现象。为使上层面料走得快些，应适当减轻压脚的压力，可事先在零碎布料上试缝一下，尽量让上下层面料同步前进。

五 **缝纫绉织面料的工艺要求**

应根据服装的款式来挑选绉织物，轻薄型和中厚型的绉织物一般适用于悬垂性好的，并具有飘逸感的服装。厚重和质地坚固的绉织物应用于挺括而合身的服装。所缝制的服装需要夹里时，其夹里料必须与服装面料相协调。

一般可选用柔软的细薄织物和轻薄透明织物作为夹里料。服装一旦用夹里，就不必用衬布。绉织物的裁剪和缝纫方法基本上类似于轻薄面料。由于绉织物具有一定的弹性，另外它还会产生滑移，所以在缝纫时应在面料与送布牙之间夹一张薄纸。缝纫针迹应适当长一些，以防起褶。特别柔软的绉织物在领子、肩缝处必须采用加固带。

 六 **缝纫直贡缎和塔夫绸面料的工艺要求**

直贡缎有单面和双面两种，背面的组织有皱纹的也有斜纹的，所以正、反两面都能使用。直贡缎具有柔软的手感和良好的悬垂性，有些直贡缎还具有一定的挺括性能。这些良好的性能都能为服装塑造出优美的线条来。用有一定厚度的直贡面料所缝制的服装可不必用夹里，但如不用夹里就必须要使用挂面衬、领衬等。

缝纫时应用小号针，针迹只许缝在缝头内，如缝在服装缝头外，针迹就会在服装上暴露出来。裁剪时，应用锋利的裁剪刀以防产生毛边，划样时应用真丝线假缝。

这种面料的缝纫线是相当重要的，应用涤纶线或真丝线来缝以防折皱。将缝纫机的针迹调节到中档，即 5～6 针/cm。在缝纫时，应先将面料对齐并拉紧以防其滑移和起皱。缝纫时还应仔细，以防返工、返工将会在面料上造成针洞。直贡缎和塔夫绸是很容易出现纱线脱散现象的，所以服装的接缝应采用手工或机缝的包边缝。

拉链适用于直贡缎和塔夫绸料的封闭，用手工将拉链装上，常规纽扣和纽孔也可使用。

最后缝制服装的贴边，这类面料缝制的服装一般采用外贴边。其缝制方法同一般贴边的缝制一样。

 七 **缝纫锦缎面料的工艺要求**

锦缎面料的组织结构有平纹和提花两种，面料无正反面之分，所以正反两面能任意选用，有些服装的正身衣片用面料的正面，而附身衣片则用面料的反面。还有服装配套地使用这一面料，如茄克衫和裤子用面料的正面，而背心则用面料的反面，总之，可任意选配。有些锦缎面料还镶织进一些金属线，以此来增添面料的表面效果。锦缎面料缝制与直贡缎和塔夫绸织物相似。

 八 **缝纫人造毛皮的工艺要求**

人造毛皮具有比绒毛织物更强的立体感。其缝制技术，除了增加一些必要的包边缝外，其余大体上与绒毛织物差不多。排料时，应用面料的顺毛向。裁剪时，应用刀片一层一层地在面料的反面进行裁剪。缝纫时，应先将面料上的毛头压倒在面料上，并用粗缝将它缝紧，然后，再从顺毛方向进行缝纫。应使用 14 号、16 号、18 号缝针。如碰到毛头不顺时，应用缝针将要缝接的毛头理顺。另外可用锋利的剪刀或刀片将缝头处和贴边处的毛头修剪掉，以消除服装的臃肿感。

 九 **缝纫蜡光布和乙烯基织物的工艺要求**

这类织物的缝制要求用一些独特的缝制技术。蜡光布是用机针或针织物经轧光整理。乙烯基是一种塑料薄膜，该薄膜自身能用作服装面料，也能粘压在机针或针织的布上，形成压层织物，其表面效果与其他织物一样，有平纹的、闪光的，也有仿提花的。这些织物通常具有半防风和半防水性能，最适合制作运动服和休闲外衣。

蜡光布和乙烯基织物的裁剪，如用大头针会给面料带来永久的针洞迹，所以只能在缝头上用大头针，或用粘合带将纸样粘在面料上再裁剪。

缝制轻薄蜡光布和乙烯基织物时，应用 11 号或 14 号缝针，线迹长度一般为每厘米 3～5 针，同时应防止起皱。厚重蜡光布和乙烯基织物应用 14 号或 16 号针缝针，针迹长度一般为每厘米 2～4 针。缝纫时，应在针前和针后将面料轻轻拉住，以防接缝处起皱。如在织物的有光面缝纫时，应衬上一张薄纸。

虽然有些乙烯基织物能用粘合法来缝制贴边，但最好还是用平缝来缝制贴边。纽孔处应用加固带以防织物正面的撕裂。

 ## 缝纫棱纹织物的工艺要求

棱纹织物有针织和机织的，有手感柔软的，也有手感挺爽的。经向棱纹织物有灯芯绒、凸条布和贝德福呢，纬向棱纹织物有各种罗缎和粗横棱纹布。因此，应根据织物的重量、弹性、悬垂性和棱纹的厚度来决定缝制工艺。缝纫针选用 14 号以上；缝纫线酌情粗些，目前国内暂能用，各种粗细的缝纫线相配套进行缝纫工艺。

 ## 缝纫双面织物的工艺要求

双面织物是将两层织物用细线编织或粘合起来的一种双层面料。此类织物没有正反面之分，所以两面都能使用于服装。

用此类面料缝制的服装，其线条要求简练，接缝处的针迹要求整齐清洁，此服装正反面都能穿着，所以两面都不能有毛边存在。

该面料的接缝方法共有以下三种。

1. 平缝而简练的接缝

将两层织物分开至 3.8cm，在其中一层的 1.5cm 处缝一道，缝后将它熨开。然后将另一层织物修剪掉 0.6cm，并将它折叠到第一缝接线上用短而细的暗缝将折叠的边与另一层缝合。

2. 平式接缝

沿着接缝线缝合，然后将缝头内的各层分开，接着按层次分别修剪，但最上一层不剪。

3. 贴布接缝

沿着接缝线先缝一道，接着将各层熨烫分开，再分层次修剪，最后用修剪下来的布条或外贴布把接缝处覆盖起来。外贴布条宽度为 4.8cm，再两边折边 0.3cm 熨平，最后沿边缉狭止口将它们缝合。

贴边、领边和领口可用粘合法，或将两层织物分开至 3.8cm 折边，然后轻轻熨压一下，最后用暗缝（掺暗针）或沿边缉狭止口将它们缝合起来。领圈缝制的方法是先将领圈弧形边分开至 3.8cm 深，并折边，将各层假缝。然后在缝上折边固定线迹再将领子的弧形边剪出 0.6cm 开口，并把它放入领圈，缝上假缝，再轻轻熨压使其平整，最后用边缝线将两层缝合。

第六章 服装裁剪与缝纫

❀ 第一节　男长裤的裁剪与缝纫

❀ 第二节　女衬衫的裁剪与缝纫

❀ 第三节　男衬衫的裁剪与缝纫

❀ 第四节　A字裙的裁剪与缝纫

❀ 第五节　连衣裙的裁剪与缝纫

❀ 第六节　男马夹的裁剪与缝纫

❀ 第七节　男茄克衫的裁剪与缝纫

❀ 第八节　单排扣女西装的裁剪与缝纫

第一节 男长裤的裁剪与缝纫

男长裤的外形如图 6-1 所示。

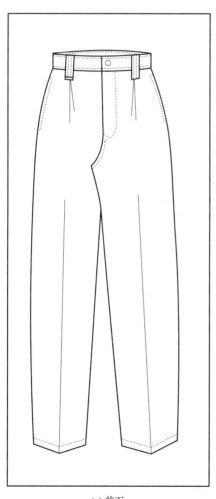
(a) 前面

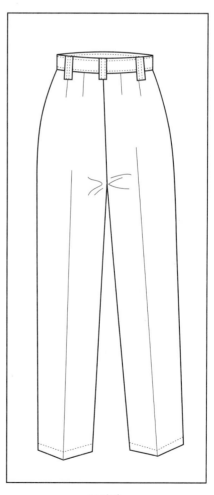
(b) 后面

图 6-1 男长裤的外形

部位	裤长	腰围	臀围	脚口
规格	100cm	80cm	100cm	22cm

（净缝裁剪）

一 男长裤裁剪制图

1. 男长裤前片的裁剪制图

（1）男长裤前片裁剪制图的步骤　其裁剪制图步骤如图6-2～图6-5所示。

① 脚口线：在布料左边作布边垂直线。

② 腰口线：从脚口线向右取实际裤长 100－4（腰宽）＝96cm，作脚口线平行线。

③ 横裆线：从腰口线向左取 1/4 臀围（100÷4）＝25cm 作腰口线平行线。

④ 臀围线：取横裆线至腰口线的 1/3 处，作横裆线平行线。

⑤ 中裆线：取脚口线至臀围线的 1/2 处，作脚口线平行线。

⑥ 袋口弧线：从布边向上：横裆线取 2cm；臀围线取 1.2cm；腰口线取 1.5cm，此三点用圆顺弧线连接。

⑦ 前臀围大：在臀围线上定点，从袋口弧线 1.2cm 点向上取 1/4 臀围 －1，即 100÷4－1＝24cm，作布边平行线，左连到横裆线，右连到腰口线。

⑧ 前龙门高：从臀围大连接线与横裆线交点处向上取 1/20 臀围－1，即 5－1＝4cm。

⑨ 前龙门高弧线：将横裆线到臀围线分为 3

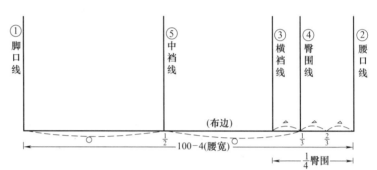

图6-2 男长裤前片裁剪制图步骤一

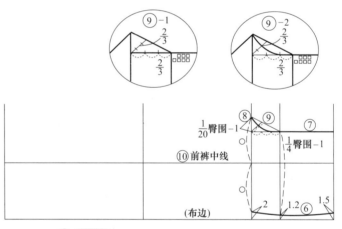

图6-3 男长裤前片裁剪制图步骤二

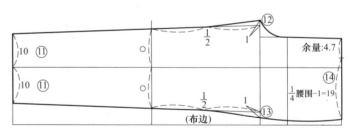

图6-4 男长裤前片裁剪制图步骤三

等份；用直线从臀围线连到龙门高；作前臀围大平行延长线角平分线，取 2/3 处定点；用圆顺弧线从横裆线到臀围线 2/3 处开始，通过角平分线 2/3 点连到龙门高弧线。

部位	裤长	腰围	臀围	脚口
规格	100cm	80cm	100cm	22cm

（净缝裁剪）

⑩ 前裤中线：取龙门高至袋口弧线（2cm 处）1/2 处定点，作布边平行线，左连到脚口线，右连到腰口线。

⑪ 脚口大：取脚口大 − 2，即 22 − 2 = 20cm，在脚口线上定点，以裤中线上下平分，一边取 10cm。

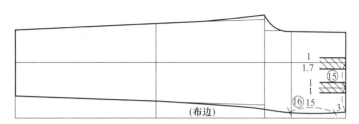

图 6-5　男长裤前片裁剪制图步骤四

⑫ 下裆线：取龙门高向下 1cm，用直线连到脚口大；将横裆线至中裆线分为 2 等份；用圆顺弧线从龙门高连到横裆线至中裆线 2 等份处。

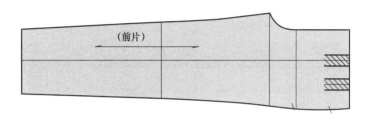

（前片）

图 6-6　男长裤前片完成图

⑬ 侧缝线：取袋口弧线 2cm 处向上 1cm，用直线连到脚口大；将横裆线至中裆线分为 2 等份；用圆顺弧线从 2cm 处连到横裆线至中裆线 2 等份处。

⑭ 前腰大：取 1/4 腰围 − 1 = 19cm，在腰口线上定点（余量 4.7 用于折裥）。

⑮ 裥：裥大 4.7cm，因为整个前腰大为 23.7cm，除去前腰大，即 23.7 − 19 = 4.7cm。取两只裥，第一只裥大 2.7cm，第二只裥大 2cm。第一只裥裤中线向上 1cm，裤中线向下 1.7cm 作平行线；第二只裥取裤中线到 1.5cm 的 1/2 处作布边平行线为裥中线，以裥中线上下平分，一边取 1.0cm。

⑯ 侧袋：封袋口，从腰口线向左取 3cm 定点；袋口大，从封袋口向左取 1/10 臀围 + 5 = 15cm 定点。

（2）男长裤前片完成图　经过以上步骤，即完成男长裤前片的裁剪制图，完成图如图 6-6 所示。

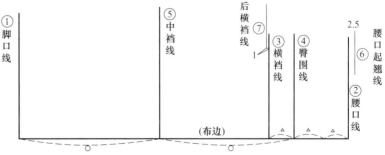

图 6-7　男长裤后片裁剪制图步骤一

2. 男长裤后片的裁剪制图

（1）男长裤后片裁剪制图的步骤　其裁剪制图步骤如图 6-7～图 6-10 所示。

① 脚口线：在布料左边作布边垂直线。

② 腰口线：从脚口线向右取实际裤长 100 − 4(腰宽) = 96cm，作脚口线平行线。

③ 横裆线：从腰口线向左取 1/4 臀围 = 25cm，作腰口线平行线。

④ 臀围线：取横裆线到腰口线 1/3 处，作横裆线平行线。

部位	裤长	腰围	臀围	脚口
规格	100cm	80cm	100cm	22cm

（净缝裁剪）

⑤ 中裆线：取脚口线到臀围线的 1/2 处，作脚口线平行线。

⑥ 后腰口起翘线：从腰口向右取 2.5cm，作腰口线平行线。

⑦ 后横裆线：从前横裆线向左取 1cm 作横裆线平行线。

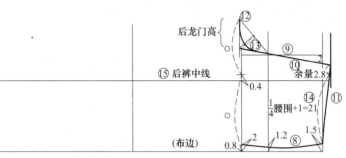

图 6-8 男长裤后片裁剪制图步骤二

⑧ 袋口弧线：从布边向上，横裆线取 2cm；臀围线取 1.2cm；腰口线取 1.5cm；此三点用圆顺弧线连接。

⑨ 后臀围大：在臀围线上定点，从袋口弧线 1.2cm 处向上取 1/4 臀围＋1＝26cm，作布边平行线。

⑩ 后困势：在腰口线上由臀围大平行线向下 2cm 定点，用直线通过臀围大连到后横裆线为后裆斜线。

⑪ 用直线连接后腰口起翘线。

⑫ 后龙门：取 1/10 臀围＝10cm，从后裆斜线与后横裆线交点向上。

⑬ 后龙门弧线：用直线从臀围大连到龙门高；作角平分线，取 1/3 处定点；用圆顺弧线连接。

⑭ 后腰大：取 $\frac{1}{4}$ 腰围＋1 = 21cm，从袋口弧线 1.5cm 点向上取 21cm 定点，余量 2.8cm 为两个省口大。

⑮ 后裤中线：取后龙门高到袋口弧线 2cm 点的 $\frac{1}{2}$ 处向下 0.4mm 作布边平行线。

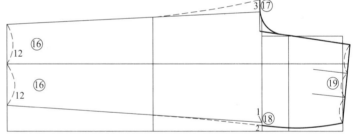

图 6-9 男长裤后片裁剪制图步骤三

⑯ 后脚口大：取 22＋2＝24cm，以裤中线上下平分，一边取 12cm，在脚口线上定点。

⑰ 下裆线：从龙门高向下 3cm，用直线连到脚口大，再用圆顺弧线从龙门高连到中裆大。

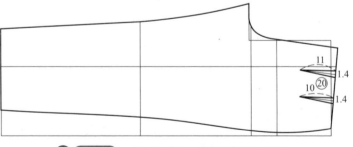

图 6-10 男长裤后片裁剪制图步骤四

⑱ 侧缝线：在横裆线上由袋口弧线 2cm 点向上取 1cm，用直线连到脚口大；再用圆顺弧线连到中裆大。

部位	裤长	腰围	臀围	脚口
规格	100cm	80cm	100cm	22cm

（净缝裁剪）

⑲ 省中线：腰口取两只省，腰大分为 3 等份，作起翘线垂直线为省中线。

⑳ 省：第一只省长为 11cm，省口大为 1.4cm，以省中线上下平分，一边取 0.7cm，用直线连接；第二只省长为 10cm，省口大为 1.4cm，以省中线上下平分，一边取 0.7cm，用直线连接。

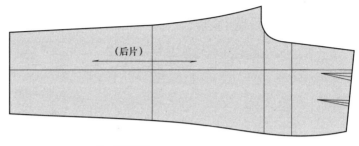

（后片）

● 图 6-11 男长裤后片完成图

（2）男长裤后片完成图 经过以上步骤，即完成男长裤后片的裁剪制图，完成图如图 6-11 所示。

3. 男长裤辅料的裁剪制图

（1）裤腰 腰宽为 4cm×2；长度为腰围大 80cm＋4cm 叠量，如图 6-12 所示。

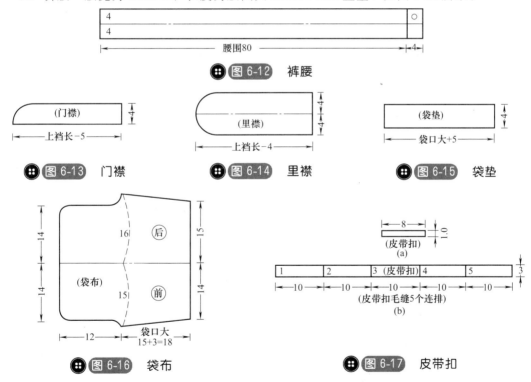

（2）门襟 宽为 4cm，长为上裆长－5cm，共计 1 片，如图 6-13 所示。

（3）里襟 宽为 4cm×2，长为上裆长－4cm，共计 1 片，如图 6-14 所示。

（4）袋垫 宽为 4cm，长为袋口大＋5cm，共计 2 片，如图 6-15 所示。

（5）袋布 一般袋深为 12cm，袋宽为 16cm，常规为整袋布，共计 2 片，如图 6-16 所示。

（6）皮带扣 宽为 1cm、长为 8cm（在实际裁剪时一般皮带扣连在一起裁剪，毛宽 3cm，毛长 50cm 以方便制作，共计 5 只），如图 6-17 所示。

部位	裤长	腰围	臀围	脚口
规格	100cm	80cm	100cm	22cm

（净缝裁剪）

二 男长裤放缝标准

男长裤各部位的放缝标准如图6-18所示。

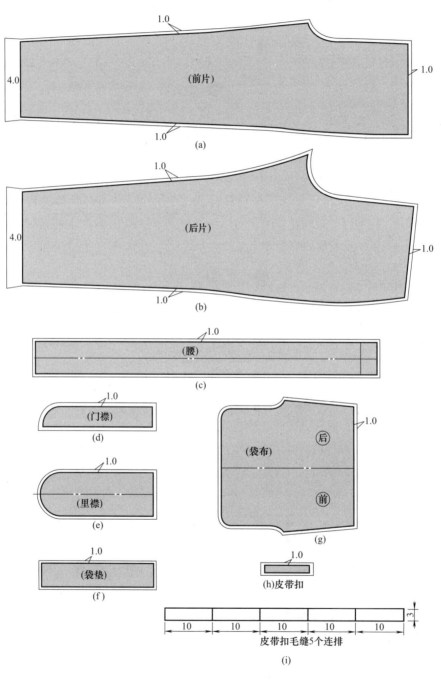

图 6-18 男长裤放缝标准

男长裤排料范例

144cm 门幅单体排料范例如图 6-19 所示。

114cm 门幅两条长裤套排范例如图 6-20 所示。

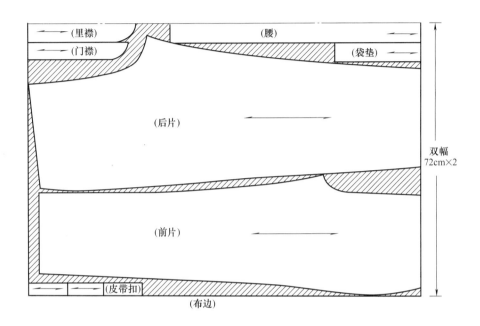

⊞ 图 6-19　144cm 门幅单体排料范例

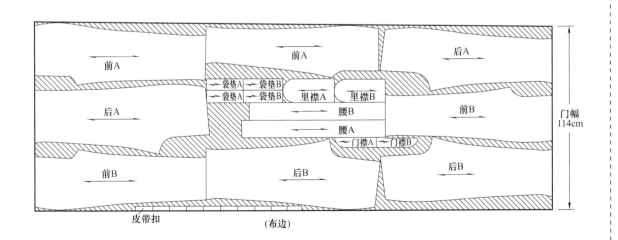

⊞ 图 6-20　114cm 门幅两条长裤套排范例

四 男长裤缝制工艺流程

男长裤缝制的工艺流程如图 6-21 所示。

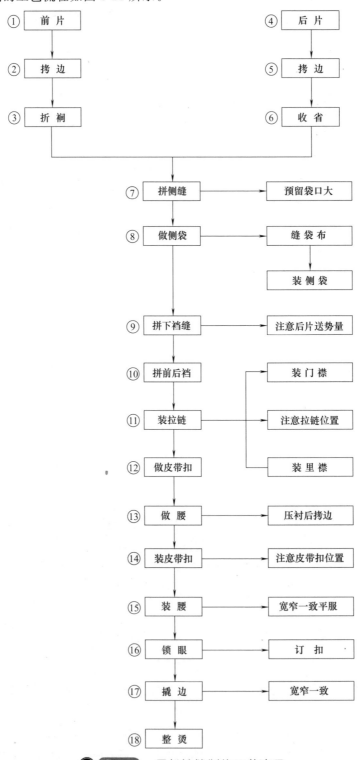

图 6-21 男长裤缝制的工艺流程

五 男长裤缝纫方法与步骤

男长裤缝纫的方法与步骤如图 6-22～图 6-54 所示。

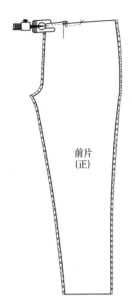

前片
(正)

前片
(正)

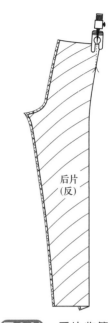

后片
(反)

⊞ 图 6-22 前片收第一只裥　⊞ 图 6-23 前片收第二只裥　⊞ 图 6-24 后片收第一只省

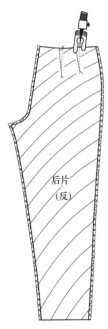

后片
(反)

⊞ 图 6-25 后片收
第二只省

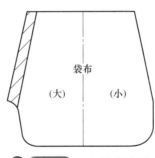

袋布

(大)　(小)

⊞ 图 6-26 大袋布宽出
部位装袋垫

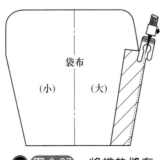

袋布

(小)　(大)

⊞ 图 6-27 将袋垫缝在
大袋布上

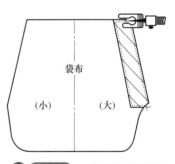

袋布

(小)　(大)

⊞ 图 6-28 将袋垫翻折后
在四周切线

袋布

(大)

⊞ 图 6-29 将袋底取
0.5cm 宽缝纫

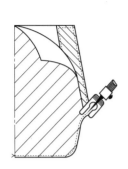

🔘 图 6-30 将袋底翻折切 0.6cm 宽缝纫（来去缝）

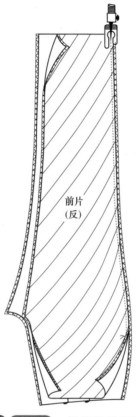

🔘 图 6-31 拼侧缝线预留袋口大

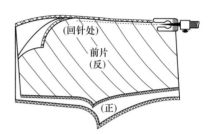

🔘 图 6-32 在预留袋口大处需回针

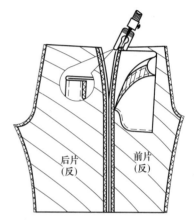

🔘 图 6-33 将裤前片与袋前片相拼

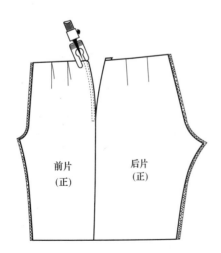

🔘 图 6-34 前片袋口处缝纫 0.6cm 双线

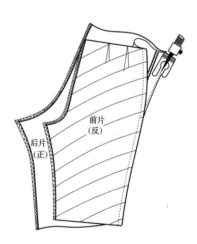

🔘 图 6-35 后片与大袋布相拼

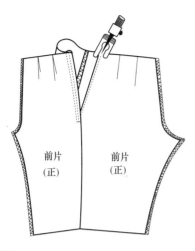

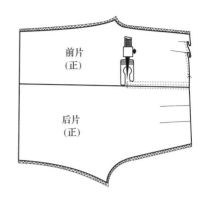

🔘 图 6-36 在后片与大袋布相拼处正面缝纫单线　　🔘 图 6-37 在袋口下端封袋口来回两次

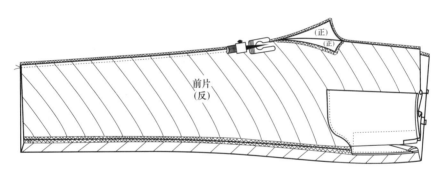

🔘 图 6-38 拼下裆缝，注意后片近横档处有送势量

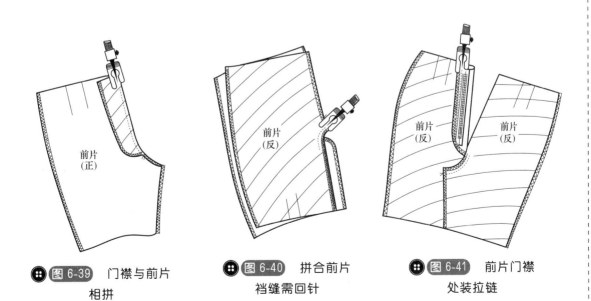

🔘 图 6-39 门襟与前片
相拼

🔘 图 6-40 拼合前片
裆缝需回针

🔘 图 6-41 前片门襟
处装拉链

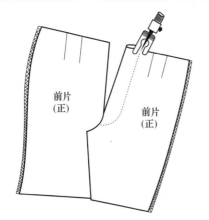

图 6-42　在前片正面切门襟明线

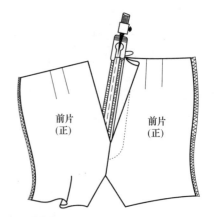

图 6-43　将前片缝合里襟（正面）

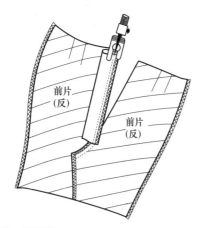

图 6-44　将前片缝合里襟（反面）

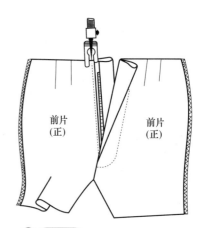

图 6-45　在里襟正面切线

图 6-46　缝制皮带扣

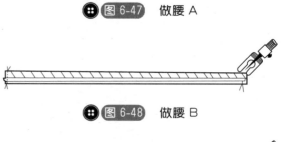

图 6-47　做腰 A

图 6-48　做腰 B

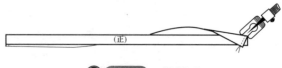

图 6-49　做腰 C

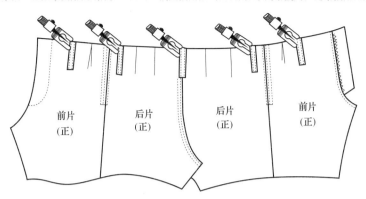

⊞ 图 6-50　装皮带扣

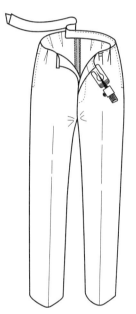

⊞ 图 6-51　装腰 A

⊞ 图 6-52　装腰 B

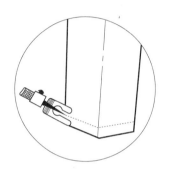

⊞ 图 6-54　脚口切 2cm 单线

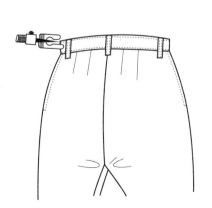

⊞ 图 6-53　腰口切线

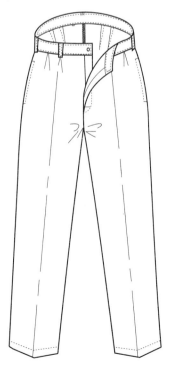

男长裤成品图

第二节 女衬衫的裁剪与缝纫

女衬衫的外形如图 6-55 所示。

(a) 前面

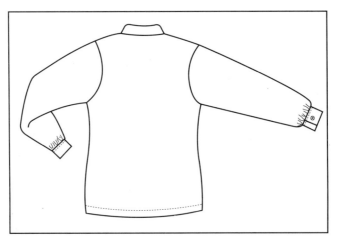

(b) 后面

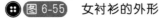 图 6-55 女衬衫的外形

部位	衣长	胸围	肩宽	领围	袖长	袖口
规格	60cm	96cm	40cm	36cm	52cm	22cm

(净缝裁剪)

一 女衬衫裁剪制图

1. 女衬衫前片的裁剪制图

(1) 女衬衫前片裁剪制图的步骤 其裁剪制图步骤如图 6-56～图 6-60 所示。

① 下摆线：在布料左边作垂直线。

② 衣长线：从下摆线向右取 60cm，作平行线。

③ 止口线：从布边向上取 4cm，作平行线。

④ 叠门线：从止口线向上取 2cm，作平行线。

⑤ 下肩线：取 1/20 胸围＝4.8cm，从衣长线向左作平行线。

⑥ 袖窿深线：取 1/5 胸围－1＝18.2cm，从下肩线向左作平行线。

⑦ 腰节线：1/2 衣长＋6＝36cm，从衣长线向左作平行线。

⑧ 下摆向右起翘 1.2cm，从下摆线向右作平行线。

⑨ 腰节向右起翘 0.6cm，从腰节线向右作平行线。

⑩ 领大：取 1/5 领围－0.5＝6.7cm，由叠门线向上作平行线。

⑪ 领深：取 1/5 领围＋0.5＝7.7cm，由衣长线向左作平行线。

⑫ 领弧线：作对角线，取 1/3 定点；用圆顺弧线通过 1/3 处连接。

⑬ 肩宽：取 1/2 肩＝20cm，从叠门线向上，在下肩线上定点。

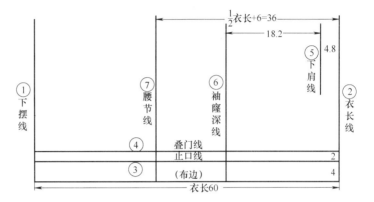

图 6-56 女衬衫前片裁剪制图步骤一

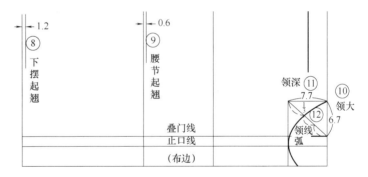

图 6-57 女衬衫前片裁剪制图步骤二

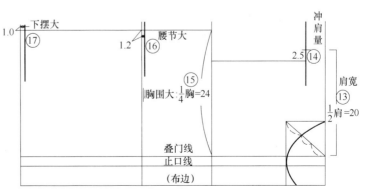

图 6-58 女衬衫前片裁剪制图步骤三

部位	衣长	胸围	肩宽	领围	袖长	袖口
规格	60cm	96cm	40cm	36cm	52cm	22cm

（净缝裁剪）

⑭ 胸宽比肩小2.5cm，也称冲肩量，作叠门线平行线，左连到袖窿深线，右连到下肩线。

⑮ 胸围大：取1/4胸围＝24cm，从叠门线向上，在袖窿深线上定点，作平行线，左连到下摆线，右连到袖窿深线。

⑯ 腰节比胸围小1.2cm，在腰节起翘线上定点。

⑰ 下摆比胸围大1cm，在下摆起翘线上定点。

⑱ 用直线连接肩斜线。

⑲ 作圆顺摆缝线。

⑳ 腰节起翘线：取腰围大 $\frac{1}{2}$ 处，作腰节起翘线连接线。

㉑ 下摆起翘线：取下摆大 $\frac{1}{2}$ 处，作下摆起翘线连接线。

㉒ 袖窿弧线：袖窿深分为3等份；用直线从肩宽连到袖窿深2/3处；在袖窿深1/3处取连接直线与胸宽线的1/2处为凹进点；用直线从2/3处连到胸围大，作角平分线，取1/2处定点；用圆顺弧线连接。

㉓ 腋省：在摆缝线上，从袖窿深线向左取1/10胸围＝9.6cm，用直线连到胸宽1/2处为省中线；省口大取2cm，以省中线左右两边平分，一边取1cm；省长取前片胸围大1/2处，用直线连接；因为收进腋省2cm，所以袖窿深线向右取2cm省量，用直线从2cm处连到胸宽1/2处，作角平分线，取1.3cm定点，转移袖窿弧线；右省口大线向外放出1.2cm，用直线连接至袖窿深线。

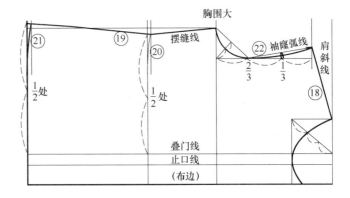

图 6-59　女衬衫前片裁剪制图步骤四

㉔ 纽扣位置：女式衬衫一般为5粒扣，在叠门线上定点。第1粒扣位从领深向左取1.5cm；第5粒扣位从下摆向右取1/4衣长＝15cm；取第1～5粒扣位的1/2处为第3粒扣位；取第1～3粒扣位的1/2处为第2粒扣位；取第3～5粒扣位的1/2处为第4粒扣位。

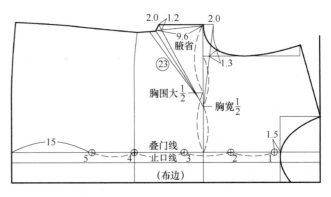

图 6-60　女衬衫前片裁剪制图步骤五

部位	衣长	胸围	肩宽	领围	袖长	袖口
规格	60cm	96cm	40cm	36cm	52cm	22cm

（净缝裁剪）

（2）女衬衫前片完成图　经过以上步骤，即完成女衬衫前片的裁剪制图，完成图如图6-61所示。

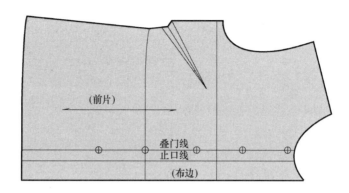

图 6-61 女衬衫前片完成图

2. 女衬衫后片的裁剪制图

（1）女衬衫后片裁剪制图的步骤　其裁剪制图步骤如图6-62～图6-64所示。

① 作对折线为背中线。

② 下摆线：在背中线左边作垂直线。

③ 后衣长线：从下摆线向右取60－1.2（前起翘）＋1.8（后背差）＝60.6cm，作平行线。

④ 下肩线：取1/20胸围－0.5＝4.3cm，作衣长线平行线。

⑤ 袖窿深线：取（1/5胸围－1）＋0.5＋1.8＝20.5cm，由下肩线向左作平行线。

⑥ 腰节线：从衣长向左取前腰节长＋1.8－0.6＝37.2cm，作袖窿深线平行线。

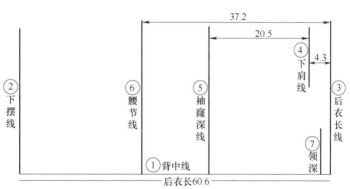

图 6-62 女衬衫后片裁剪制图步骤一

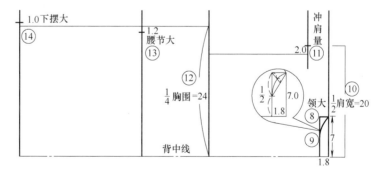

图 6-63 女衬衫后片裁剪制图步骤二

⑦ 领深：取1.8cm，衣长线向左作平行线。

⑧ 领大：取1/5领围－0.5＋0.3＝7cm，由背中线向上作平行线。

⑨ 领弧线：取横开领大1/2处定点；用直线连到衣长；作角平分线取1/2处定点；用弧线连接。

部位	衣长	胸围	肩宽	领围	袖长	袖口
规格	60cm	96cm	40cm	36cm	52cm	22cm

（净缝裁剪）

⑩ 肩宽：取 1/2 肩宽 +0.3＝20.3cm，在下肩线上定点。

⑪ 背宽比肩小 2cm，也称冲肩量。作背中线平行线，左连到袖窿深线，右连到下肩线。

⑫ 胸围大：取 1/4 胸围＝24cm，在袖窿深线上定点，向上取 24cm 作背中线平行线，左连到下摆线，右连到袖窿深线。

⑬ 腰节比胸围小 1.2cm。

⑭ 下摆比胸围大 1cm。

⑮ 作肩斜线。

⑯ 袖窿弧线：袖窿深分为 3 等份；用直线从肩宽连到袖窿深 2/3 处；在袖窿深 1/3 处，取连接直线与胸宽线的 1/2 处为凹进点；用直线从 2/3 处连到胸围大，作角平分线，取 1/2 处定点；用圆顺弧线连接。

⑰ 作圆顺摆缝线。

（2）女衬衫后片完成图

经过以上步骤，即完成女衬衫后片的裁剪制图，完成图如图 6-65 所示。

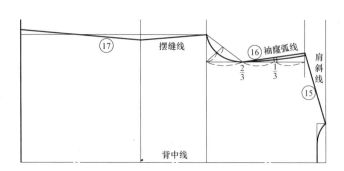

图 6-64 女衬衫裁剪制图步骤三

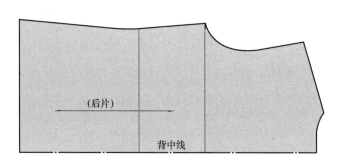

图 6-65 女衬衫后片完成图

3. 女衬衫袖片的裁剪制图

（1）女衬衫袖片裁剪制图的步骤 其裁剪制图步骤如图 6-66～图 6-68 所示。

① 作袖中线。

② 在袖中线右侧作垂直线为袖筒深线。

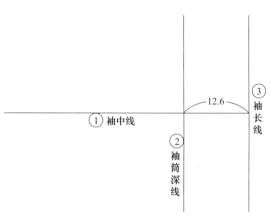

图 6-66 女衬衫袖片裁剪制图步骤一

部位	衣长	胸围	肩宽	领围	袖长	袖口
规格	60cm	96cm	40cm	36cm	52cm	22cm

（净缝裁剪）

③ 在袖中线上定点，从袖筒深线向右边取 $\dfrac{胸围}{10}+3=12.6cm$ 为袖筒深，作袖长线。

④ 从袖长线向左取 52－4（克夫）=48cm 为袖口线。

⑤ 袖山高斜线：取（前 AH＋后 AH）/2＋0.5cm＝x，作袖筒深对角线。

⑥ 袖围大线：在袖筒深线上，取袖山高斜线点作袖中线平行线。

⑦ 袖山弧线：取前半袖袖山高斜线分为 4 等份，$\dfrac{1}{4}$ 处凹进 1cm，$\dfrac{3}{4}$ 处凸出 1.3cm；后半袖袖山高斜线分为 3 等份，$\dfrac{1}{3}$ 处凹进 0.3cm，$\dfrac{2}{3}$ 处凸出 1.6cm，用圆顺弧线连接。

⑧ 袖口大：取半袖围大的 $\dfrac{3}{4}$ 处定点，用直线连到袖筒深线。（袖口大与克夫大的差量为袖口收碎裥量）

⑨ 袖衩：取后半袖口大 $\dfrac{1}{2}$ 处，作袖中线平行线，袖衩长 8cm。

（2）女衬衫袖片完成图 经过以上步骤，即完成女衬衫袖片的裁剪制图，完成图如图 6-69 所示。

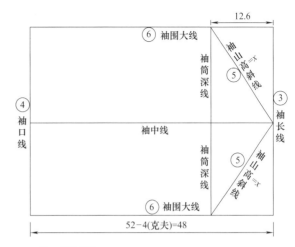

图 6-67 女衬衫袖片裁剪制图步骤二

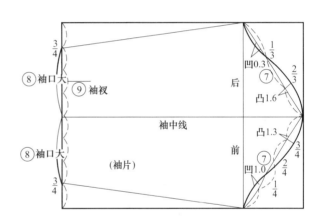

图 6-68 女衬衫袖片裁剪制图步骤三

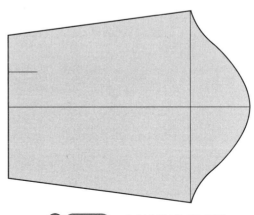

图 6-69 女衬衫袖片完成图

部位	衣长	胸围	肩宽	领围	袖长	袖口
规格	60cm	96cm	40cm	36cm	52cm	22cm

（净缝裁剪）

4. 女衬衫辅料裁剪制图

（1）袖克夫　克夫大取 22cm，克夫高取 4cm×2，如图 6-70 所示。

（2）领片　如图 6-71 所示。

🔘 图 6-70　袖克夫（一）

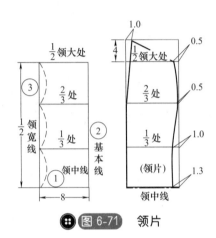

🔘 图 6-71　领片

① 领中线：作对折线为领中线。

② 基本线：在对折线右边作垂直线为基本线。

③ 领宽线：从基本线向左取领宽 8cm 为领宽线。

④ 从领中线向上取 $\frac{1}{2}$ 领大＝18cm 为 $\frac{1}{2}$ 领大。

⑤ 从 $\frac{1}{2}$ 领大向上取领角长 4cm。

⑥ 将 $\frac{1}{2}$ 领大分为 3 等份。

⑦ 从基本线向左：领中线取 1.3cm；$\frac{1}{3}$ 处取 1cm；$\frac{2}{3}$ 处取 0.5cm；$\frac{1}{2}$ 领大处取 0.5cm，用圆顺弧线连接。

⑧ 从领宽线向右：领角线上取 1cm 用圆顺弧线从 $\frac{2}{3}$ 处连到领角 1cm 处。

（3）袖衩　取长 16cm、宽 2cm，如图 6-72 所示。

（袖衩）
16　2

🔘 图 6-72　袖衩

部位	衣长	胸围	肩宽	领围	袖长	袖口
规格	60cm	96cm	40cm	36cm	52cm	22cm

（净缝裁剪）

二 女衬衫放缝标准

女衬衫各部位的放缝标准如图 6-73 所示。

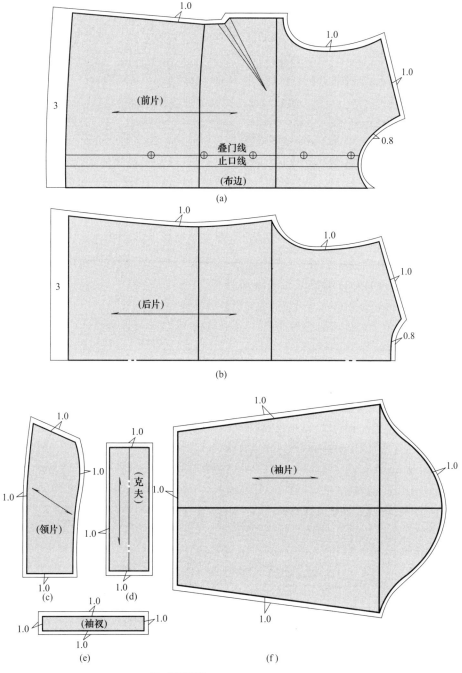

图 6-73 女衬衫放缝标准

三 女衬衫排料范例

门幅 92cm 女式衬衫排料范例如图 6-74 所示。

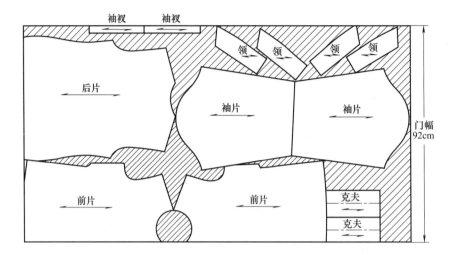

图 6-74 门幅 92cm 女式衬衫排料范例

门幅 112cm 女式衬衫排料范例如图 6-75 所示。

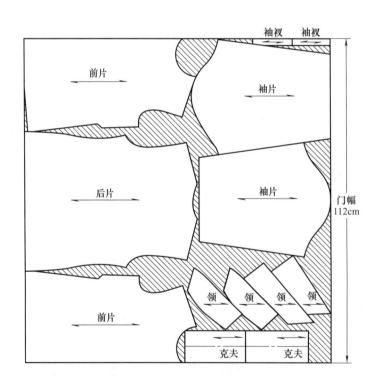

图 6-75 门幅 112cm 女式衬衫排料范例

女衬衫缝制工艺流程

女衬衫缝制的工艺流程如图 6-76 所示。

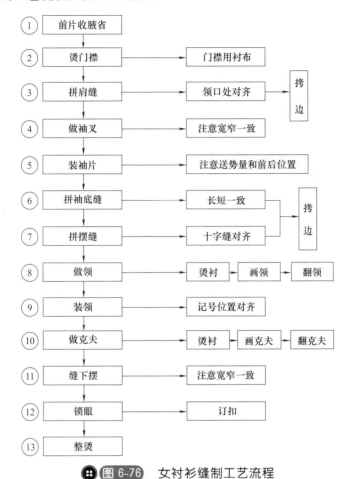

① 前片收腋省

② 烫门襟 → 门襟用衬布

③ 拼肩缝 → 领口处对齐 → 拷边

④ 做袖叉 → 注意宽窄一致

⑤ 装袖片 → 注意送势量和前后位置

⑥ 拼袖底缝 → 长短一致 → 拷边

⑦ 拼摆缝 → 十字缝对齐

⑧ 做领 → 烫衬 → 画领 → 翻领

⑨ 装领 → 记号位置对齐

⑩ 做克夫 → 烫衬 → 画克夫 → 翻克夫

⑪ 缝下摆 → 注意宽窄一致

⑫ 锁眼 → 订扣

⑬ 整烫

图 6-76 女衬衫缝制工艺流程

五 女衬衫缝纫方法与步骤

女衬衫缝纫的方法与步骤如图 6-77~图 6-101 所示，其最后的完成图如图 6-102 所示。

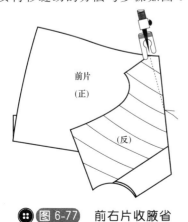

前片
（正）

（反）

图 6-77 前右片收腋省

（反）

前片
（正）

图 6-78 前左片收腋省

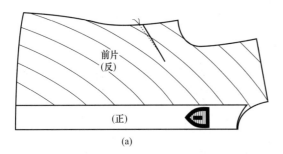
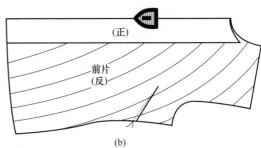

（a）

（b）

⊞ 图 6-79　将前右片、前左片熨烫门襟

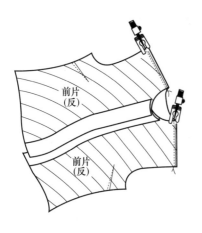

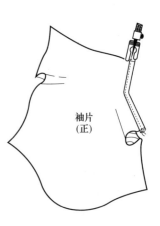

⊞ 图 6-80　前后片拼肩缝　　⊞ 图 6-81　缝制袖衩　　⊞ 图 6-82　缝制袖衩

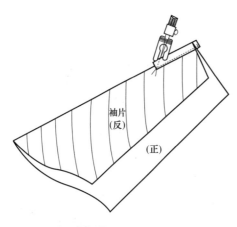
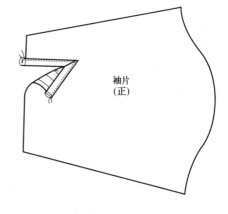

⊞ 图 6-83　封袖衩三角　　　⊞ 图 6-84　袖衩成品图

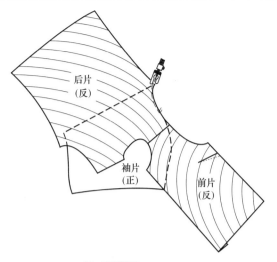

图 6-85 装袖片

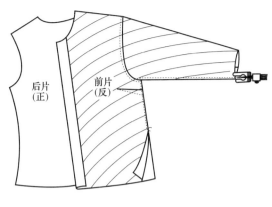

图 6-86 缝制袖底缝

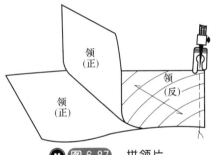

图 6-87 拼领片

图 6-89 画领片净缝线

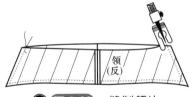

图 6-90 缝制领片

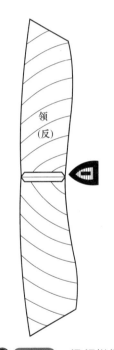

图 6-88 烫领拼缝

图 6-91 翻折领角

图 6-92 成品领片

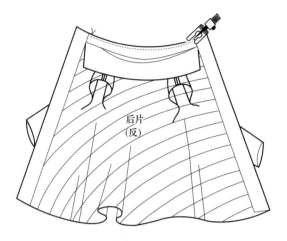

图 6-93　缝制衣领

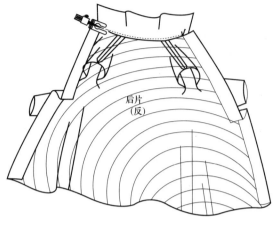

图 6-94　装领切线

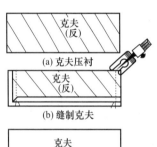

(a) 克夫压衬

(b) 缝制克夫

(c) 成品克夫

图 6-95　克夫的缝纫

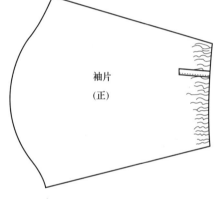

图 6-96　袖口收碎裥

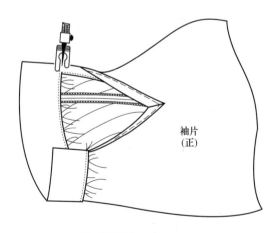

图 6-97　装袖克夫

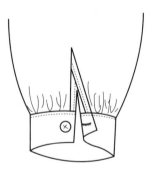

图 6-98　成品袖克夫

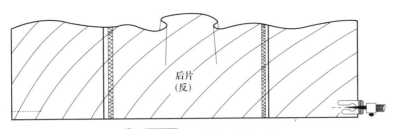

图 6-99 缝制门襟下摆

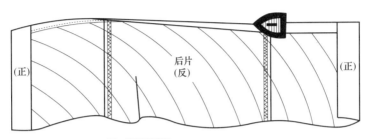

图 6-100 熨烫下摆折边

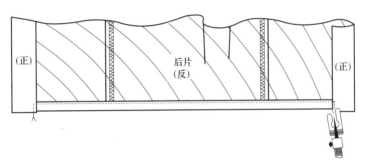

图 6-101 下摆切线

图 6-102 女衬衫成品图

第三节 男衬衫的裁剪与缝纫

男衬衫的外形如图 6-103 所示。

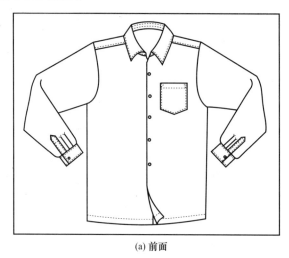

(a) 前面

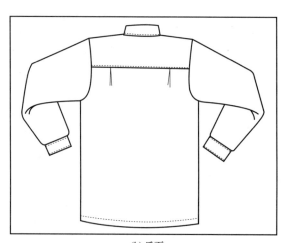

(b) 后面

图 6-103 男衬衫的外形

部位	衣长	胸围	肩宽	领围	袖长	袖口
规格	72cm	112cm	46cm	40cm	60cm	24cm

（净缝裁剪）

一 男衬衫裁剪制图

1. 男衬衫前片裁剪制图

（1）男衬衫前片裁剪制图的步骤　其裁剪制图如图 6-104～图 6-107 所示。

① 下摆线：在布料左边作垂直线。

② 衣长线：从下摆线向右取衣长 72cm，作下摆线平行线。

③ 止口线：从布边向上取 4cm 作平行线。

④ 叠门线：从止口线向上取 2cm，作布边平行线。

⑤ 下肩线：取 1/20 胸围－1＝4.6cm，从衣长线向左作平行线。

⑥ 袖窿深线：取 1/5 胸围－1＝21.4cm，从下肩线向左作平行线。

⑦ 下摆起翘 1cm。

⑧ 领大：取 1/5 领围－0.5＝7.5cm，从叠门线向上取 7.5cm 作平行线。

⑨ 领深：取 1/5 领围＝8cm，从衣长线向左取 8cm 作平行线。

⑩ 领弧线：作对角线分为 3 等份；在 1/3 处定点；用圆顺弧线通过 1/3 点连接。

⑪ 肩宽：取 1/2 肩宽＝23cm，从叠门线向上，在下肩线上定点。

⑫ 胸宽：由肩宽向里收 2.5cm，也称冲肩量，作叠门线平行线，左连到袖窿深线，右连到下肩线。

⑬ 胸围大：取 1/4 胸围＝28cm 从叠门线向上在袖窿深线上定点，作平行线左连到下摆线，右连到袖窿深线。

⑭ 用直线连接肩斜线。

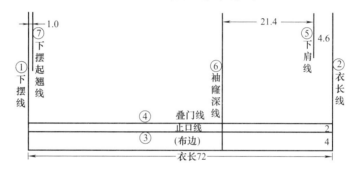

图 6-104　男衬衫裁剪制图步骤一

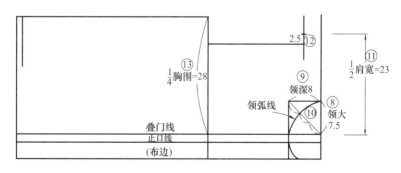

图 6-105　男衬衫裁剪制图步骤二

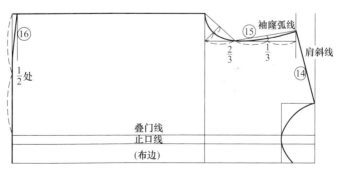

图 6-106　男衬衫前片裁剪制图步骤三

部位	衣长	胸围	肩宽	领围	袖长	袖口
规格	72cm	112cm	46cm	40cm	60cm	24cm

（净缝裁剪）

⑮ 袖窿弧线：袖窿深分为 3 等份；用直线从肩宽连到 2/3 处；在袖窿深 1/3 处取直线与胸宽 1/2 处为凹进点；用直线从 2/3 处连到胸围大，作角平分线，取 1/2 处定点；用圆顺弧线连接。

⑯ 下摆起翘线：取下摆大 $\frac{1}{2}$ 处，作下摆起翘线。

⑰ 胸袋：袖窿深线向上 3cm 为袋口线；取胸宽 1/2 处向上 0.5cm 为袋中线；袋口大取 1/10 胸围＋0.8＝12cm，以袋中线上下平分，一边取 6cm；袋深取 1/10 胸围＋2.8＝14cm，从袋口线向左 14cm；袋底倒角为 1cm。

⑱ 纽扣位置：在叠门线上定点，共取 6 粒扣。第 1 粒扣位从领深向右取 1 厘米定点（在底领上定点）；第 6 粒扣位取 1/4 衣长＋1＝19cm 从下摆向右定点；将第 1 粒扣位至第 6 粒扣位平分为 5 等份，确定第 2～5 粒扣位。

⑲ 肩缝处取前覆肩 3cm。

（2）男衬衫前片完成图

经过以上步骤，即完成男衬衫前片的裁剪制图，完成图如图 6-108 所示。

2. 男衬衫后片的裁剪制图

（1）男衬衫后片裁剪制图的步骤　其裁剪制图步骤如图 6-109～图 6-111 所示。

① 作对折线为背中线。

② 下摆线：在布料左边作垂直线。

③ 后衣长线：从下摆线向右取衣长 72－1(前下摆起翘)＋2.5(背差)＝73.5cm。

④ 下肩线：取 1/20 胸围－1.5＝4.1cm（比前片小 0.5cm），从衣长线向作取 4.1cm 作平行线。

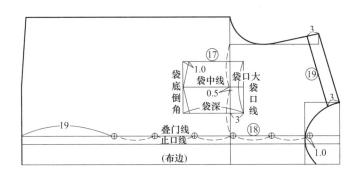

图 6-107　男衬衫前片裁剪制图步骤四

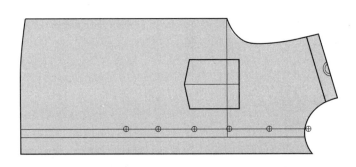

图 6-108　男衬衫前片完成图

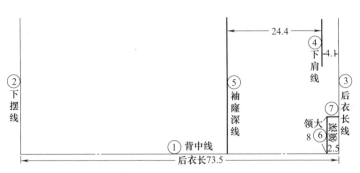

图 6-109　男衬衫后片裁剪制图步骤一

部位	衣长	胸围	肩宽	领围	袖长	袖口
规格	72cm	112cm	46cm	40cm	60cm	24cm

（净缝裁剪）

⑤ 袖窿深线：取（1/5 胸围－1）＋0.5＋2.5＝24.4cm，从下肩线线向左作平行线。

⑥ 领大：取 1/5 领围＝8cm，背中线向上作平行线。

⑦ 领深取 2.5cm，从衣长线向左取 2.5cm 作平行线。

⑧ 领弧线：取横开领大 $\frac{1}{2}$ 处定点；用直线连到衣长线；作角平分线取 $\frac{1}{2}$ 处定点；用弧线连接。

⑨ 肩宽：取 1/2 肩宽＋0.5＝23.5cm，从背中向上，在下肩线上定点。

⑩ 胸宽：由肩宽向里收 2cm，也称冲肩量，作背中线平行线，左连到袖窿深线，右连到下肩线。

⑪ 胸围大：取 1/4 胸围＝28cm，从背中线向上，在袖窿深线上定点，作平行线左连到下摆线，右连到袖窿深线。

⑫ 用直线连接肩斜线。

⑬ 袖窿弧线：袖窿深分为 3 等份；用直线从肩宽连到 2/3 处；在袖窿深 1/3 处取直线与胸宽 1/2 处为凹进点；用直线从 2/3 处连到胸围大，作角平分线，取 1/2 处定点；用圆顺弧线连接。

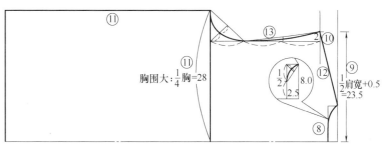

胸围大：$\frac{1}{4}$胸＝28

$\frac{1}{2}$肩宽＋0.5＝23.5

图 6-110 男衬衫后片裁剪制图步骤二

⑭ 取后中覆肩 8cm，作衣长线平行线。

⑮ 后片覆肩斜为 1cm，用圆弧顺线连接。

⑯ 折裥：覆肩斜宽 1/2 处作背中线平行线；从平行线向上取裥大 2cm；将胸宽处向上转移 2cm，放出裥大量，作袖窿圆顺弧线。

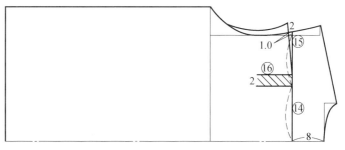

图 6-111 男衬衫后片裁剪制图步骤三

（2）男衬衫后片完成图 经过以上步骤，即完成男衬衫后片的裁剪制图，完成图如图 6-112 所示。

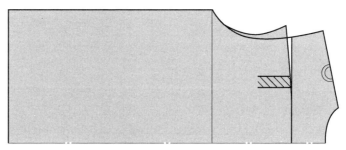

图 6-112 男衬衫后片完成图

103

部位	衣长	胸围	肩宽	领围	袖长	袖口
规格	72cm	112cm	46cm	40cm	60cm	24cm

（净缝裁剪）

3. 男衬衫袖片的裁剪制图

（1）男衬衫袖片裁剪制图的步骤

其裁剪制图步骤如图 6-113 和图 6-114所示。

① 作布边平行线为袖中线。

② 在袖中线右端作袖中线垂直线为袖筒深线。

③ 袖长线：在袖中线上定点，从袖筒深向右取袖筒深量为 $\frac{1}{10}$ 胸围＋1＝12.2cm 为袖筒深，作袖长线。

④ 袖口线：从袖长线向左取 $60-5$（克夫）$=55$cm。

⑤ 袖山高斜线：取（前 AH＋后 AH）/2＋0.5cm＝x，作袖筒深对角线。

⑥ 袖筒弧线：将前半袖袖山高斜线分为 4 等份，1/4 处凹进 1cm，3/4 处凸出 1.4cm；将后半袖袖山高斜线分为 2 等份，1/2 处凸出 1.8cm，用圆顺弧线连接。

⑦ 袖口大：取 $24+6$（裥量大）$=30$cm，在袖口线上定点，以袖中线上下平分，一边取 15cm。

⑧ 折裥：共 2 只裥，每只裥大 3cm。第一只裥由袖中线向上 1.5cm，向下 1.5cm，作袖中线平行线；第二只裥，从第一只裥向上取 2cm 为裥距，再向上取 3cm 为裥大作平行线。

⑨ 袖衩：取后半袖口大 1/2 处，作袖中线平行线，袖衩长为 10cm。

（2）男衬衫袖片完成图 经过以上步骤，即完成男衬衫袖片的裁剪制图，完成图如图 6-115 所示。

4. 男衬衫辅料裁剪制图

（1）袖克夫 克夫大取 24cm，克夫高取 5cm，如图 6-116 所示。

（2）底领 如图 6-117 所示。

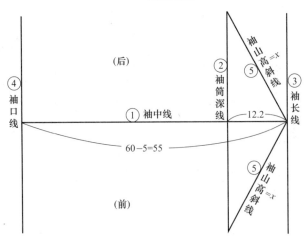

图 6-113 男衬衫袖片裁剪制图步骤一

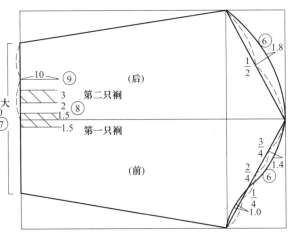

图 6-114 男衬衫袖片裁剪制图步骤二

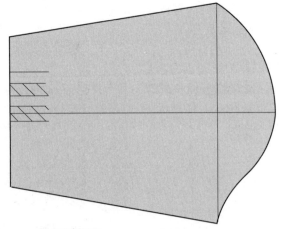

图 6-115 男衬衫袖片完成图

部位	衣长	胸围	肩宽	领围	袖长	袖口
规格	72cm	112cm	46cm	40cm	60cm	24cm

（净缝裁剪）

① 作对折线为领中线。

② 在领中线右端作垂直线为基本线。

③ 从基本线向左取 3.5cm 为领宽线，作基本线平行线。

④ 领大：取 $\frac{1}{2}$ 领大 $=20$cm，从领中线向上。

⑤ 领缺嘴长：从 $\frac{1}{2}$ 领大向上取 2cm。

⑥ 将 $\frac{1}{2}$ 领大分为 3 等份。

⑦ 在 $\frac{2}{3}$ 到 $\frac{1}{2}$ 领大线的 $\frac{1}{2}$ 处由基本线向右取 0.5cm。

⑧ 从基本线向左：在领中线上取 0.5cm 定点；在 $\frac{1}{3}$ 处取 0.3cm；在缺嘴长线上取 0.7cm；用圆顺弧线连接。

⑨ 从领宽线向右：在 $\frac{1}{2}$ 领大线上取 0.5cm；用直线从 $\frac{1}{3}$ 处连到 $\frac{1}{2}$ 领大 0.5cm 点；用圆顺弧线连接。

（3）面领 如图 6-117 所示。

① 作对折线为领中线。

② 在领中线右端作垂直线为基本线。

③ 从基本线向左取领宽 5.5cm，作平行线。

④ 领大：从领中线向上取 $\frac{1}{2}$ 领大 $=20$cm。

⑤ 领角长：从 $\frac{1}{2}$ 领大向上取 3cm。

⑥ 将 $\frac{1}{2}$ 领大分为 3 等份。

⑦ 从基本线向左：在领中线上取 1cm 定点；在 $\frac{1}{3}$ 处取 0.7cm；在 $\frac{2}{3}$ 处取 0.5cm；用圆顺弧线连接。

⑧ 从领宽线向左：在领角线上取 1cm 定点；用圆顺弧线从领宽 $\frac{2}{3}$ 处连到领角长起翘处。

（4）胸袋 袋口大为 12cm；袋深为 14cm；袋底倒角为 1cm，如图 6-118 所示。

（5）大开门 大开门宽为 4cm、长为 11cm；大开门宝剑头宽为 2cm、长为 3cm；宝剑头倒角为 1.2cm，如图 6-119 所示。

（6）小开门 小开门宽为 2cm；小开门长为 12cm，如图 6-119 所示。

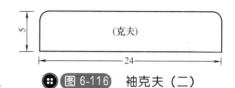

图 6-116 袖克夫（二）

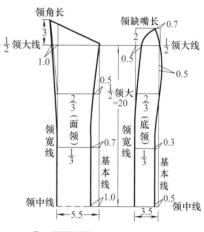

图 6-117 底领和面领

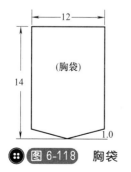

图 6-118 胸袋

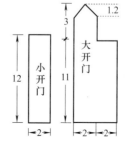

图 6-119 小开门和大开门

部位	衣长	胸围	肩宽	领围	袖长	袖口
规格	72cm	112cm	46cm	40cm	60cm	24cm

（净缝裁剪）

二 男衬衫放缝标准

男衬衫各部位的放缝标准如图 6-120 所示。

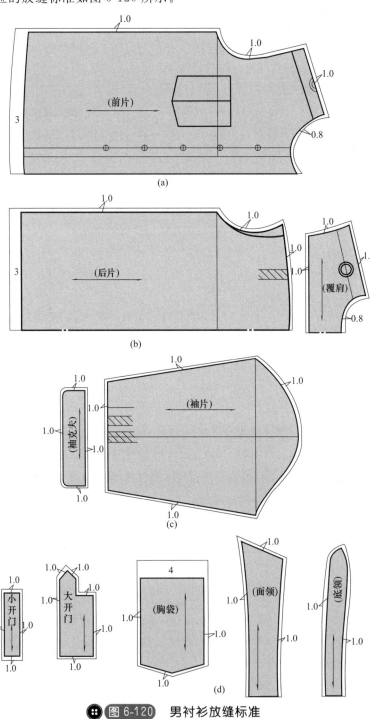

▦ 图 6-120 男衬衫放缝标准

男衬衫排料范例

门幅 92cm 单体排料范例如图 6-121 所示。

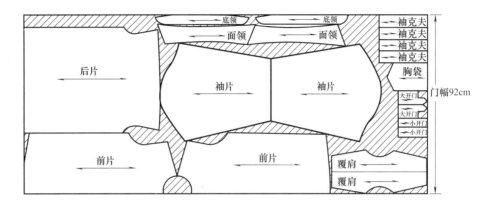

图 6-121 门幅 92cm 单体排料范例

门幅 112cm 单体排料范例如图 6-122 所示。

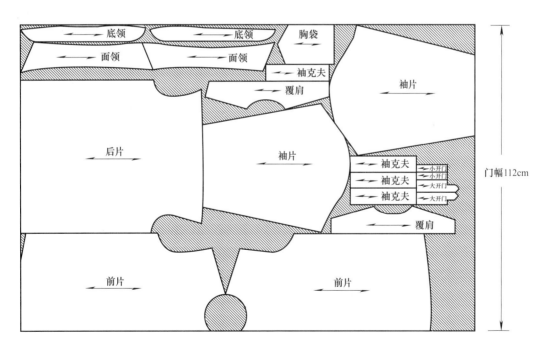

图 6-122 门幅 112cm 单体排料范例

四 男衬衫缝制工艺流程

男衬衫缝制的工艺流程如图 6-123 所示。

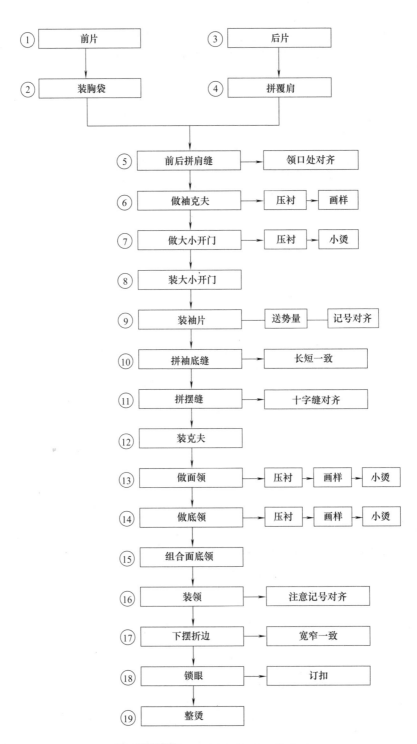

🔘 图6-123 男衬衫缝制工艺流程

五 男衬衫缝纫方法与步骤

男衬衫缝纫的方法与步骤如图 6-124～图 6-148 所示。

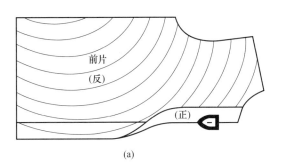

(a)

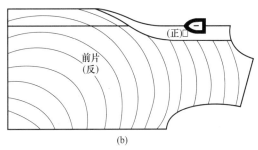

(b)

◈ 图 6-124 将前右片、前左片熨烫门襟

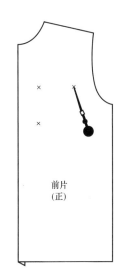

◈ 图 6-125 前片定袋位记号

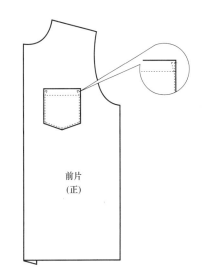

◈ 图 6-126 前片装胸袋

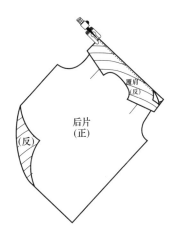

◈ 图 6-127 后片拼覆肩

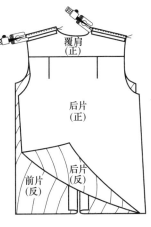

◈ 图 6-128 前后片拼覆肩

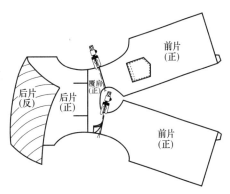

◈ 图 6-129 前、后片覆肩正面压线

(a)

(b)

(c)

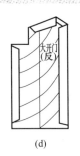
(d)

(e)

(f)

图 6-130　烫大、小开门

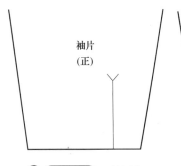

图 6-131　剪袖衩

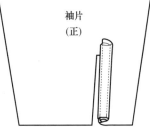

图 6-132　缝小开门

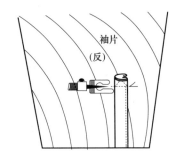

图 6-133　封小开门与袖片三角

图 6-134　缝大开门

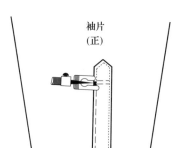

图 6-135　封大开门

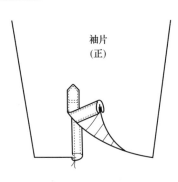

图 6-136　大开门成品图

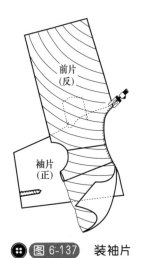

图 6-137　装袖片

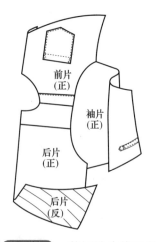

图 6-138　装好袖片的成品图

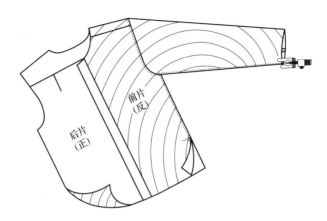

图 6-139 拼袖底缝与摆缝

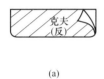

(a)

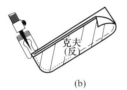

(b)

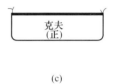

(c)

图 6-140 做克夫

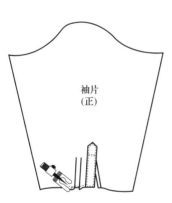

图 6-141 袖口折裥

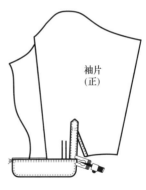

图 6-142 装克夫

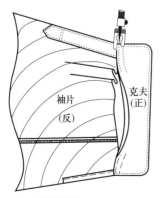

图 6-143 克夫切线

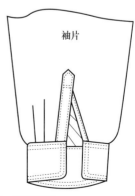

图 6-144 装克夫成品图

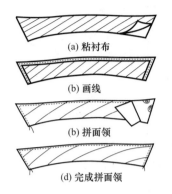

(a) 粘衬布

(b) 画线

(b) 拼面领

(d) 完成拼面领

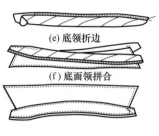

(e) 底领折边

(f) 底面领拼合

(g) 底面领拼合完成图

图 6-145　做领片步骤

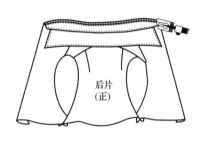

图 6-146　装领片

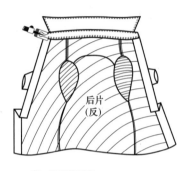

图 6-147　装领切线

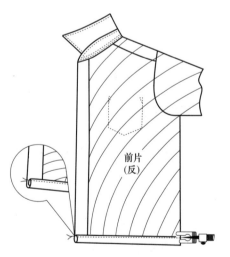

图 6-148　做下摆折边

男衬衫成品图

第四节　A字裙的裁剪与缝纫

A字裙的外形如图 6-149 所示。

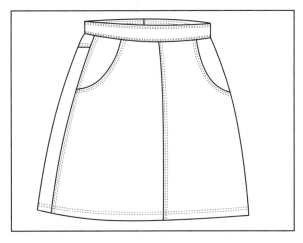

(a) 前面

(b) 后面

图 6-149　A字裙的外形

部位	裙长	腰围	臀围	下摆大
规格	40cm	70cm	92cm	100cm

（净缝裁剪）

一 A字裙裁剪制图

1. A字裙前片的裁剪制图

（1）A字裙前片裁剪制图的步骤　其裁剪制图步骤如图6-150～图6-152所示。

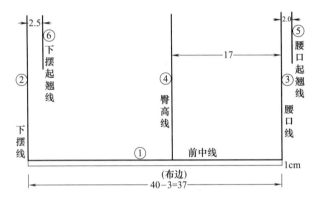

图 6-150　A字裙前片裁剪制图步骤一

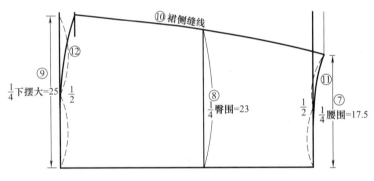

图 6-151　A字裙前片裁剪制图步骤二

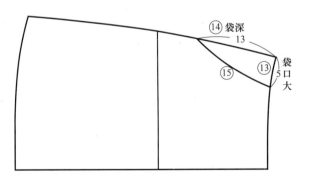

图 6-152　A字裙前片裁剪制图步骤三

① 前中线：布边向上1cm作平行线。

② 下摆线：在前中线左边作垂直线。

③ 腰口线：从下摆线向右取裙长 40−3（腰宽）=37cm，作下摆线平行线。

④ 臀高线：从腰口线向左取 17cm 作腰口线平行线。

⑤ 从腰口线向右 2cm作平行线为腰口起翘线。

⑥ 从下摆线向右 2.5cm 作平行线为下摆起翘线。

⑦ 前腰围大：取 $\frac{1}{4}$ 腰围 = 17.5cm，在腰口起翘线上定点。

⑧ 前臀围大：取 $\frac{1}{4}$ 臀围 = 23cm，在臀高线上定点。

⑨ 前下摆大：取 $\frac{1}{4}$ 下摆大 = 25cm，在下摆起翘线上定点。

⑩ 用圆顺线作裙侧缝线。

⑪从腰围大 $\frac{1}{2}$ 处，作腰口起翘圆顺弧线。

部位	裙长	腰围	臀围	下摆大
规格	40cm	70cm	92cm	100cm

（净缝裁剪）

⑪ 取下摆大 $\frac{1}{2}$ 处，作下摆起翘圆顺弧线。

⑫ 袋口大：取 5cm，在腰口线上定点。

⑬ 袋深：取 13cm，在摆缝线上定点。

⑭ 用圆顺弧线连接。

（2）A 字裙前片完成图　经过以上步骤，即完成 A 字裙前片的裁剪制图，完成图如图 6-153 所示。

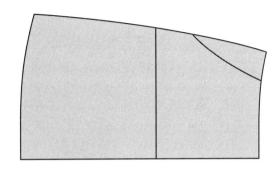

🔴 图 6-153　A 字裙前片完成图

2．A 字裙后片的裁剪制图

（1）A 字裙后片裁剪制图的步骤　其裁剪制图步骤如图 6-154～图 6-156 所示。

① 后中线：布边向上 2cm 作平行线。

② 下摆线：在后中线左边作垂直线。

③ 腰口线：从下摆向右取裙长 40－3（腰宽）＝37cm，作下摆线平行线。

④ 臀高线：从腰口线向左取 17cm，作平行线。

⑤ 腰口线向右 2cm 作平行线为腰口起翘线。

⑥ 从下摆线向右 2.5cm 作平行线为下摆起翘线。

⑦ 后中腰口处向左 1cm 为腰口凹进点。

⑧ 后腰围大：取 $\frac{1}{4}$ 腰围＝17.5cm，在腰口起翘线上定点。

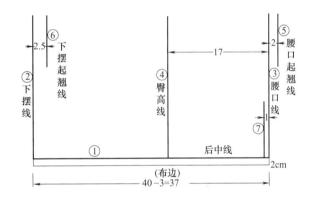

🔴 图 6-154　A 字裙后片裁剪制图步骤一

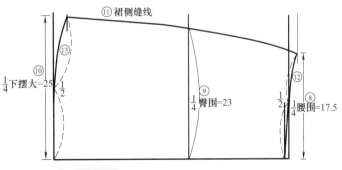

🔴 图 6-155　A 字裙后片裁剪制图步骤二

⑨ 后臀围大：取 $\frac{1}{4}$ 臀围＝23cm，在臀高线上定点。

⑩ 后下摆大：取 $\frac{1}{4}$ 下摆＝25cm，在下摆起翘线上定点。

⑪ 用圆顺线作裙侧缝线。

部位	裙长	腰围	臀围	下摆大
规格	40cm	70cm	92cm	100cm

（净缝裁剪）

⑫ 取腰围大 $\frac{1}{2}$ 处，作腰口起翘圆顺弧线。

⑬ 取下摆大 $\frac{1}{2}$ 处，作下摆起翘圆顺弧线。

⑭ 后腰口开片：侧缝处取 4.0cm；后中处取 8cm。

⑮ 后贴袋：从后腰口开片向左取 2cm 作开片平行线为袋口线；取袋口线围度大 $\frac{1}{2}$ 处向上 1cm 定点为袋中线；袋口大为 $\frac{1}{10}$ 臀围 + 1.8 = 11cm；袋深为 $\frac{1}{10}$ 臀围 + 3.8 = 13cm；用圆顺弧线连接袋底圆角。

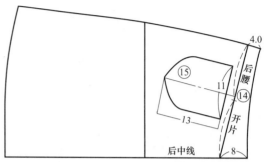

图 6-156　A 字裙后片裁剪制图步骤三

（2）A 字裙后片完成图　经过以上步骤，即完成 A 字裙后片的裁剪制图，完成图如图 6-157 所示。

3. A 字裙辅料的裁剪制图

（1）袋垫　袋口宽 5cm；袋口大 13cm；袋垫比袋口宽出 3cm，如图 6-158A 所示。

（2）小袋布　宽为 15cm，高为 12 + 13 = 25cm 上口宽为 10cm。大袋布宽为 15cm，高为 12 + 13 = 25cm 如图 6-158B 所示。

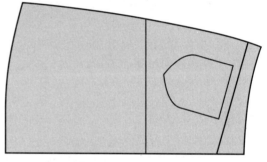

图 6-157　A 字裙后片完成图

（3）后贴袋　袋口大 11cm；袋深 13cm，用圆顺弧线连接袋底圆角，如图 6-159 所示。

（4）后腰口开片　侧缝小头处取 4cm；后中线大头处 8cm，并将后腰口开片起翘 1cm 弧形。如图 6-160 所示。

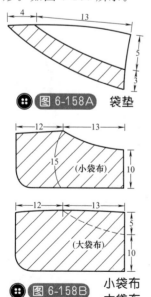

图 6-158A　袋垫

图 6-158B　小袋布　大袋布

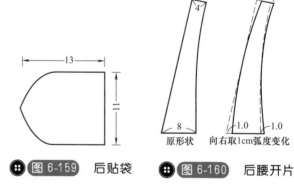

图 6-159　后贴袋

图 6-160　后腰开片

（5）腰片　宽为 3cm × 2，长为 70cm + 4cm，如图 6-161 所示。

图 6-161　腰片

部位	裙长	腰围	臀围	下摆大
规格	40cm	70cm	92cm	100cm

（净缝裁剪）

 A字裙放缝标准

A字裙各部位的放缝标准如图6-162所示。

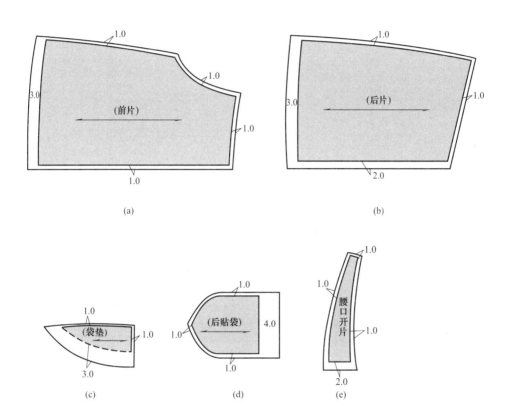

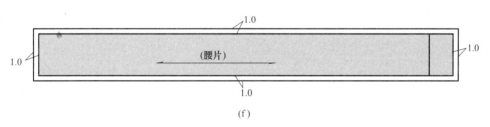

图6-162 A字裙放缝标准

三 A字裙排料范例

门幅144cm单体排料范例如图6-163所示。

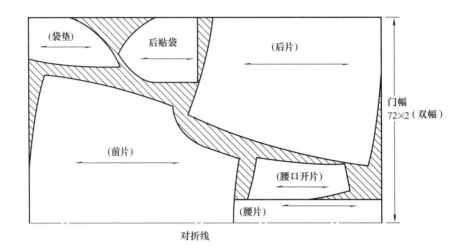

⊞ 图 6-163 门幅144cm单体排料范例

门幅112cm单体排料范例如图6-164所示。

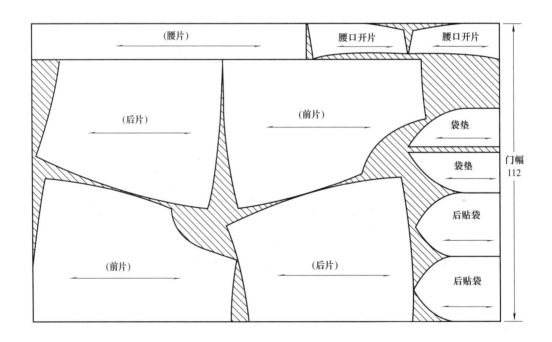

⊞ 图 6-164 门幅112cm单体排料范例

A字裙缝制工艺流程

A字裙缝制的工艺流程如图 6-165 所示。

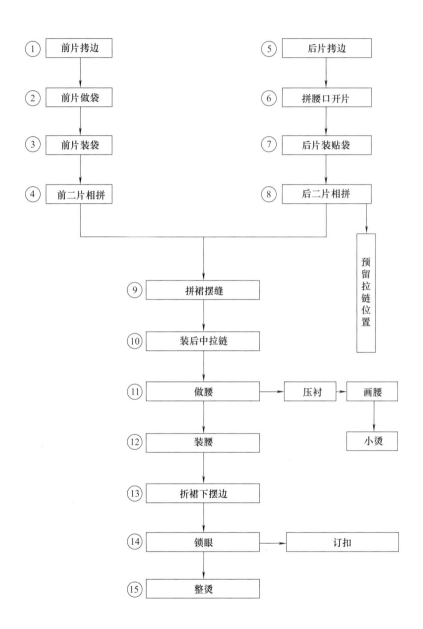

图 6-165 A字裙缝制工艺流程

五　A字裙缝纫方法与步骤

A字裙缝纫的方法与步骤如图 6-166～图 6-189 所示。

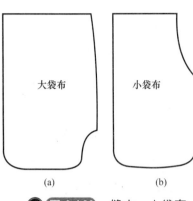

(a)　　　　(b)

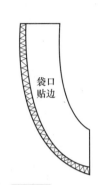

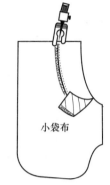

图 6-166 缝大、小袋布　　**图 6-167** 袋口贴边　　**6-168** 装袋口贴边

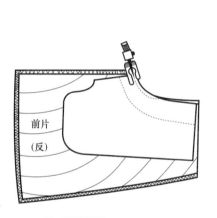

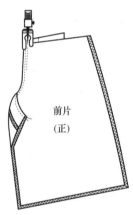

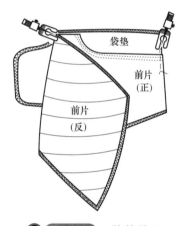

图 6-169 装前袋一　　**图 6-170** 装前袋二　　**图 6-171** 装前袋三

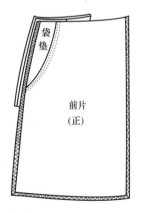

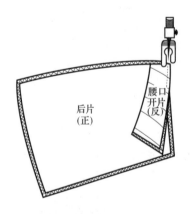

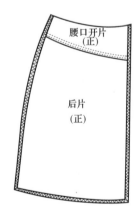

图 6-172 前片装　　**图 6-173** 后片　　**图 6-174** 后片装腰口
袋成品图　　　　　　装腰口开片　　　　　　开片成品图

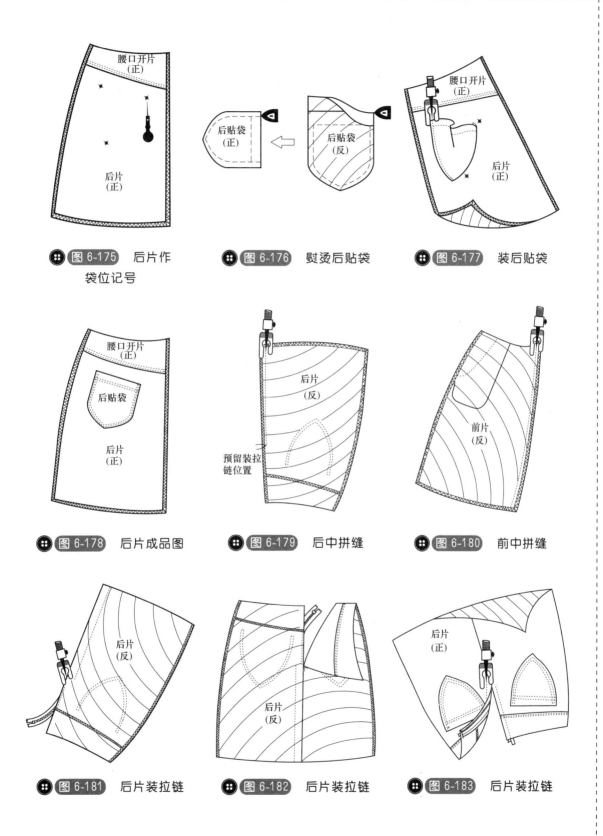

图 6-175　后片作袋位记号

图 6-176　熨烫后贴袋

图 6-177　装后贴袋

图 6-178　后片成品图

图 6-179　后中拼缝

图 6-180　前中拼缝

图 6-181　后片装拉链

图 6-182　后片装拉链

图 6-183　后片装拉链

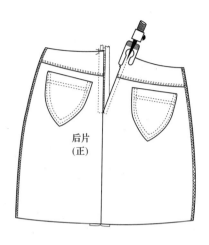

⊞ 图 6-184　后片装拉链

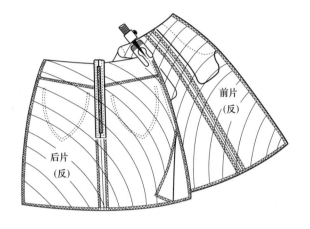

⊞ 图 6-185　拼前、后片侧缝

⊞ 图 6-186　腰粘衬布

⊞ 图 6-187　熨烫腰

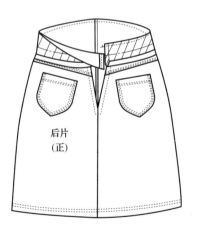

⊞ 图 6-188　装腰

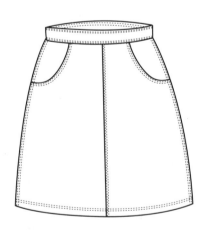

⊞ 图 6-189　A字裙成品图

第五节　连衣裙的裁剪与缝纫

连衣裙的外形如图 6-190 所示。

(a) 前面

(b) 后面

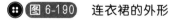 图 6-190　连衣裙的外形

部位	总裙长	胸围	肩宽	领围	腰围	臀围	腰节	袖长
规格	100cm	96cm	40cm	38cm	76cm	96cm	39cm	25cm

（净缝裁剪）

一 连衣裙裁剪制图

1. 连衣裙上衣前片的裁剪制图

（1）连衣裙上衣前片裁剪制图的**步骤** 其裁剪制图步骤如图 6-191～图 6-194 所示。

① 作对折线为前中线。

② 腰节线：在布料左边作垂直线。

③ 衣长线：从腰节线向右取腰节长 39cm。

④ 下肩线：取 1/20 胸围－0.5＝4.3cm，从衣长线向左作平行线。

⑤ 袖窿深线：取 1/5 胸围－1＝18.2cm，从下肩向左作平行线。

⑥ 腰节起翘 1cm，从腰节线向右作平行线。

⑦ 领大：取 1/5 领围＋3＝10.6cm，由前中线向上作平行线。

⑧ 领深：取 1/5 领围－1＝6.6cm，由衣长线向左作平行线。

⑨ 领弧线画法：作对角线，分为 3 等份；取 1/3 处用圆顺弧线连接。

⑩ 肩宽：前中线向上取 1/2 肩＝20cm，在下肩线上定点。

⑪ 胸宽：比肩宽小 2.5cm，也称冲肩量，作前中线平行线，左连到袖窿深，右连到下肩。

⑫ 胸围大：取 1/4 胸围＝24cm，在袖窿深线上定点。

⑬ 腰围大：取 1/4 腰围＋2（省口大）＝21cm，在腰节起翘线上定点。

⑭ 用直线连接肩斜线。

⑮ 袖窿弧线：袖窿深分为 3 等份；用直线从肩宽连到 2/3 处，在袖窿深 1/3 处，取直线与胸宽 1/2 处为凹进点；用直线从 2/3 处连到胸围大，作角平分线，取 1/2 处定点；用圆顺弧线连接。

⑯ 用直线连接摆缝线。

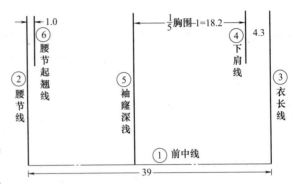

图 6-191 连衣裙上衣前片裁剪制图步骤一

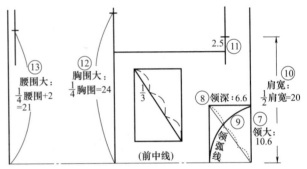

图 6-192 连衣裙上衣前片裁剪制图步骤二

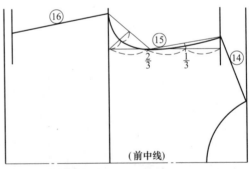

图 6-193 连衣裙上衣前片裁剪制图步骤三

部位	总裙长	胸围	肩宽	领围	腰围	臀围	腰节	袖长
规格	100cm	96cm	40cm	38cm	76cm	96cm	39cm	25cm

（净缝裁剪）

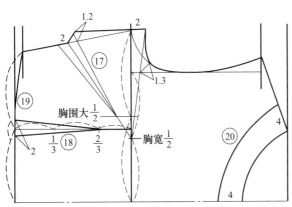

图 6-194　连衣裙上衣前片裁剪制图步骤四

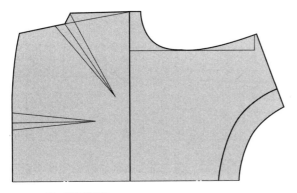

图 6-195　连衣裙上衣前片完成图

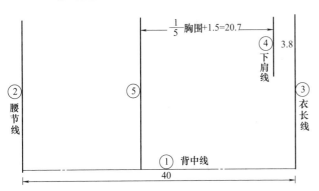

图 6-196　连衣裙上衣后片裁剪制图步骤一

⑰ 腋省：在摆缝线上，从袖窿深线向左取 1/10 胸围＝9.6cm，用直线连到胸宽 1/2 处为省中线；省口大取 2cm，以省中线左右两边平分，一边取 1cm；省长取前片胸围大 1/2 处，用直线连接；因为收进腋省 2cm，所以袖窿深须向右取 2cm 省量，用直线从 2cm 处连到胸宽 1/2 处，作角平分线，取 1.3cm 定点，转移袖窿弧线；省中线向外放出 1.2cm，用直线连接至袖窿深线。

⑱ 腰省：取腰围大 1/2 处，作前中线平行线为省中线并连到袖窿深；省口大为 2cm，以省中线上下平分；省长取腰节至袖窿深线 2/3 处。

⑲ 用圆顺弧线从省口大连接腰节起翘线。

⑳ 领口贴边宽为 4cm，作领弧线平行线。

（2）连衣裙上衣前片完成图　经过以上步骤，即完成连衣裙上衣前片的裁剪制图，完成图如图 6-195 所示。

2. 连衣裙上衣后片的裁剪制图

（1）连衣裙上衣后片裁剪制图的步骤　其裁剪制图步骤如图 6-196～图 6-198 所示。

① 作对折线为背中线。

② 腰节线：在背中线左边作垂直线。

③ 衣长线：从腰节线向右取 39－1＋2＝40cm。

④ 下肩线：取 1/20 胸围－1＝3.8cm，从衣长线向左作平行线。

⑤ 袖窿深线：取（1/5 胸围－1）＋0.5＋2＝20.7cm，从下肩线向左作平行线。

⑥ 领深：取 2cm，从衣长线向左作平行线。

⑦ 领大：取 1/5 领围＋3＋0.3＝10.9cm。

⑧ 肩宽：取 1/2 肩宽＋0.3＝20.3cm，背中线向上在下肩线上定点。

⑨ 胸宽：比肩宽小 2cm，也称冲肩量，作背中线平行线，左连到袖窿深右连到下肩。

部位	总裙长	胸围	肩宽	领围	腰围	臀围	腰节	袖长
规格	100cm	96cm	40cm	38cm	76cm	96cm	39cm	25cm

（净缝裁剪）

⑩ 胸围大：取 1/4 胸围＝24cm，在袖窿深线上定点。

⑪ 腰围大：取 1/4 腰围＋2（省口大）＝21cm。

⑫ 领弧线画法：取横开领大 1/2 处定点；用直线连到衣长；作角平分线取 1/2 处定点；用弧线连接。

⑬ 用直线连接肩斜线。

⑭ 袖窿弧线：袖窿深分为 3 等份；用直线从肩宽连到 2/3 处，在袖窿深 1/3 处，取直线与胸宽 1/2 处为凹进点；用直线从 2/3 处连到胸围大，作角平分线，取 1/2 处定点；用圆顺弧线连接。

⑮ 用直线连接摆缝线。

⑯ 腰省：取腰口大 1/2 处，作背中线平行线为省中线；省口大 2cm，以省中线上下平分；省长取至袖窿深。

⑰ 领口贴边宽为 4cm，作平行弧线。

（2）连衣裙上衣后片完成图　经过以上步骤即完成连衣裙上衣后片的裁剪制图，完成图如图 6-199 所示。

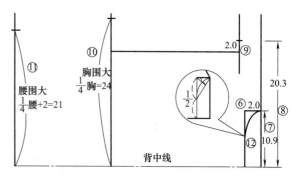

图 6-197　连衣裙上衣后片裁剪制图步骤二

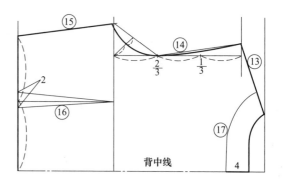

图 6-198　连衣裙上衣后片裁剪制图步骤三

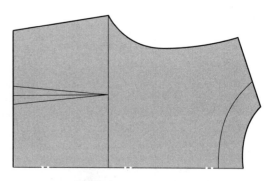

图 6-199　连衣裙上衣后片完成图

部位	总裙长	胸围	肩宽	领围	腰围	臀围	腰节	袖长
规格	100cm	96cm	40cm	38cm	76cm	96cm	39cm	25cm

（净缝裁剪）

3. 连衣裙裙片的裁剪制图

（1）连衣裙裙片裁剪制图的步骤　其裁剪制图步骤如图 6-200～图 6-201 所示。

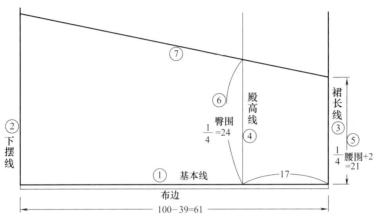

图 6-200　连衣裙裙片裁剪制图步骤一

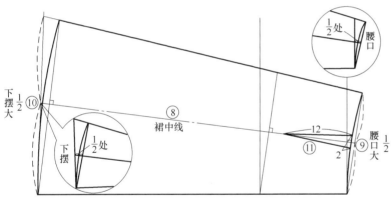

图 6-201　连衣裙裙片裁剪制图步骤二

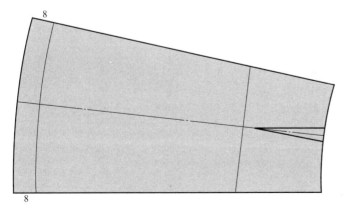

图 6-202　连衣裙裙片完成图

① 作布边向上 1cm 平行线为基本线。

② 在基本线左边作垂直线为下摆线。

③ 裙长线：从下摆线向右取裙长 100－39＝61cm。

④ 臀高线：从裙长线向左取 17cm。

⑤ 腰围大：取 1/4 腰围＋2 省大＝21cm，在裙长线上定点。

⑥ 臀围大：取 1/4 臀围＝24cm，在臀高线上定点。

⑦ 用直线从腰大通过臀围大连到下摆处。

⑧ 裙中线，取腰口大 $\frac{1}{2}$ 处用直线连接到下摆大 $\frac{1}{2}$ 处。

⑨ 作腰口线与裙中线垂直线，并取垂直线与腰口线的 $\frac{1}{2}$ 处为凹进点，用弧线连接腰口弧线。

⑩ 作下摆线与裙中线垂直线，并取垂直线与下摆线的 $\frac{1}{2}$ 处凹进点，用弧线连接下摆弧线。

⑪ 省：取腰口大 1/2 作腰口弧线垂直线为省中线；省口大 2cm，以省中上下平分；省长取 12cm。

⑫ 裙下摆贴边宽 8cm。

（2）连衣裙裙片完成图　经过以上步骤即完成连衣裙裙片的裁剪制图，完成图如图6-202所示。

部位	总裙长	胸围	肩宽	领围	腰围	臀围	腰节	袖长
规格	100cm	96cm	40cm	38cm	76cm	96cm	39cm	25cm

（净缝裁剪）

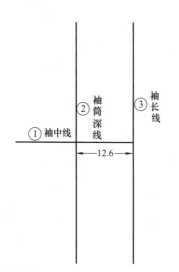

图 6-203 连衣裙袖片裁剪制图步骤一

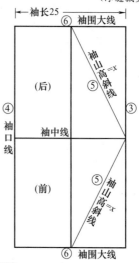

图 6-204 连衣裙袖片裁剪制图步骤二

4. 连衣裙袖片的裁剪制图

（1）连衣裙袖片裁剪制图的步骤　其裁剪制图步骤如图 6-203～图 6-205 所示。

① 作袖中线。

② 在袖中线右端作垂直线为袖筒深线。

③ 袖筒深：取 $\frac{1}{10}$ 胸围＋3＝12.6cm，从袖筒深线向右作平行线为袖长线。

④ 袖口线：从袖长线向左取袖长为 25cm；作平行线。

⑤ 袖山高斜线：取（前 AH＋后 AH）/2＋0.5cm＝x，作袖筒深对角线。

⑥ 袖围大线：在袖筒深线上，取袖山高斜线点作袖中线平行线，左连到袖口，右连到袖长线。

⑦ 袖山弧线：取前半袖分为 4 等份，$\frac{1}{4}$ 处凹进 1.2cm；$\frac{3}{4}$ 处凸出 1.4cm，后半袖分为 3 等份；$\frac{1}{3}$ 处凹进 0.4cm；$\frac{2}{3}$ 处凸出 1.6cm；用圆顺弧线连接。

⑧ 袖口大：取前、后半袖袖口大 $\frac{3}{4}$ 处定点；袖口大处向左起翘 1cm，作袖口弧线。

⑨ 用直线从袖围大线连到袖口大。

⑩ 袖口贴边：两边宽 3cm，中间宽 5cm。

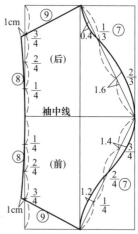

图 6-205 连衣裙袖片裁剪制图步骤三

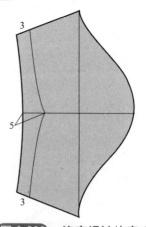

图 6-206 连衣裙袖片完成图

部位	总裙长	胸围	肩宽	领围	腰围	臀围	腰节	袖长
规格	100cm	96cm	40cm	38cm	76cm	96cm	39cm	25cm

（净缝裁剪）

（2）连衣裙袖片完成图　经过以上步骤即完成袖片的裁剪制图，完成图如图 6-206 所示。

二　连衣裙放缝标准

连衣裙各部位的放缝标准如图 6-207 所示。

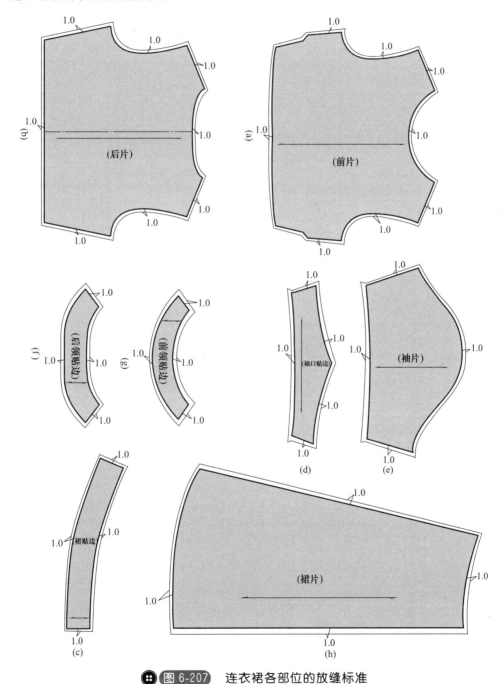

图 6-207　连衣裙各部位的放缝标准

三 连衣裙排料范例

门幅 142cm 连衣裙排料范例如图 6-208 所示。

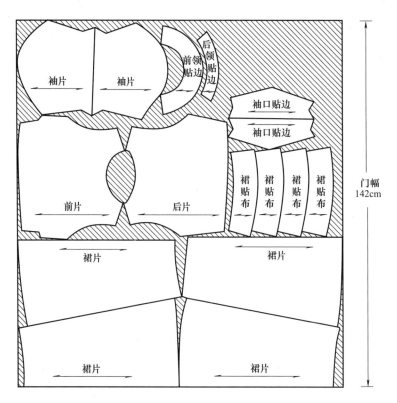

图 6-208 门幅142cm 连衣裙排料范例

门幅 112cm 连衣裙排料范例如图 6-209 所示。

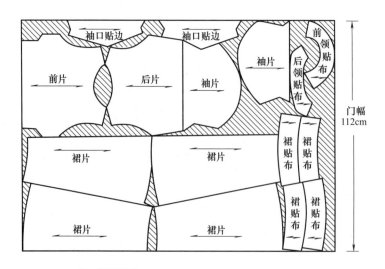

图 6-209 门幅112cm 连衣裙排料范例

连衣裙缝制工艺流程

连衣裙缝制的工艺流程如表 6-210 所示。

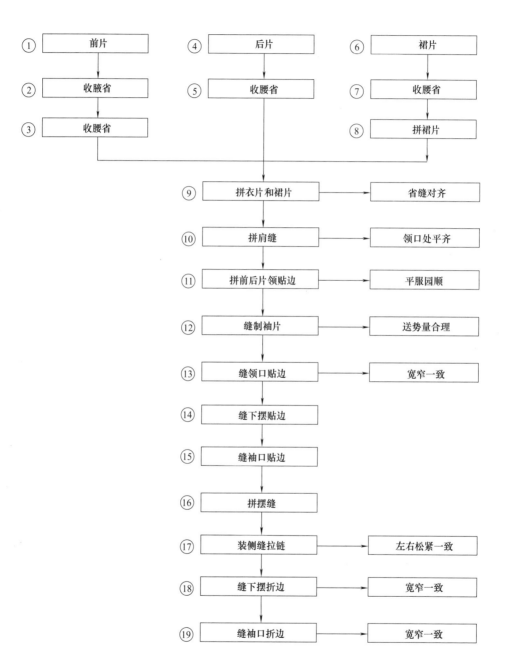

图 6-210 连衣裙缝制工艺流程

五　连衣裙缝纫方法与步骤

连衣裙缝纫的方法与步骤如图 6-211～图 6-227 所示。

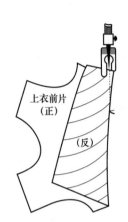

图 6-211　上衣前片收省

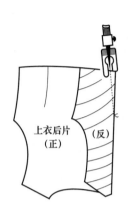

图 6-212　上衣后片收省

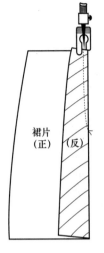

图 6-213　裙片收省

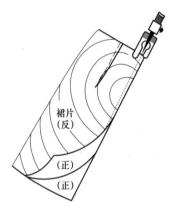

图 6-214　拼裙片

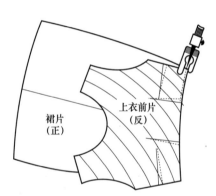

图 6-215　拼上衣前片与裙片

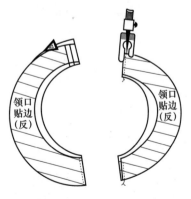

图 6-216　拼前、后领口贴边

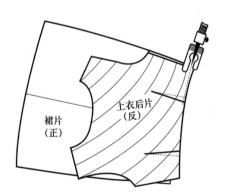

图 6-217　拼上衣后片与裙片

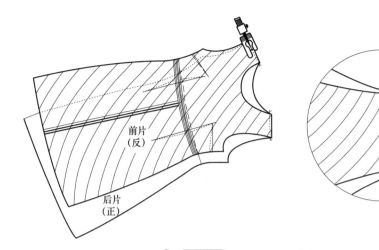

图 6-218 拼前、后肩缝

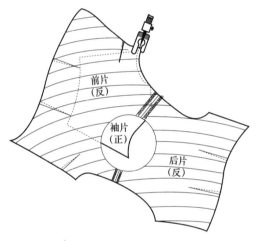

图 6-219 缝制袖片

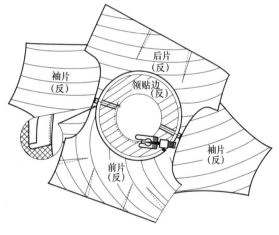

图 6-220 缝制领贴边

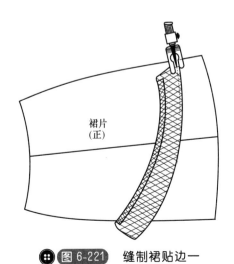

图 6-221 缝制裙贴边一

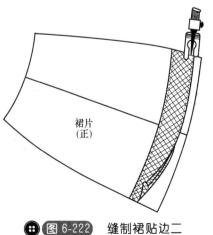

图 6-222 缝制裙贴边二

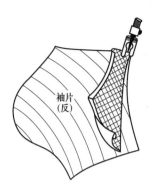

⊞ 图 6-223　缝制袖口贴边一

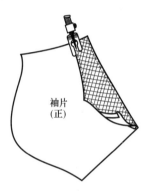

⊞ 图 6-224　缝制袖口贴边二

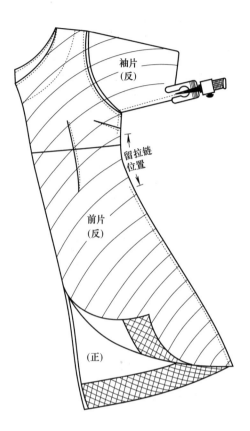

⊞ 图 6-225　缝制袖底缝与摆缝

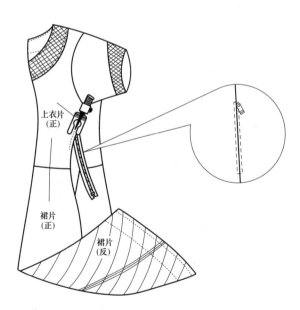

⊞ 图 6-226　摆缝处装拉链

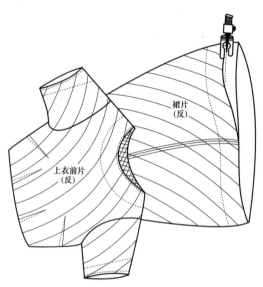

⊞ 图 6-227　缝制裙下摆

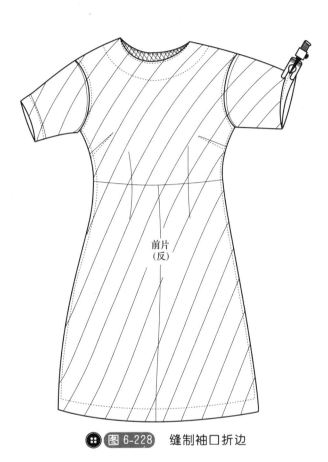

前片
(反)

图 6-228　缝制袖口折边

图 6-229　连衣裙成品图

第六节　男马夹的裁剪与缝纫

男马夹的外形如图 6-230 所示。

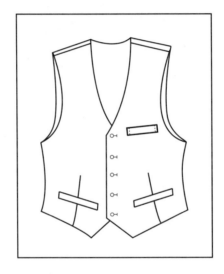

(a) 前面

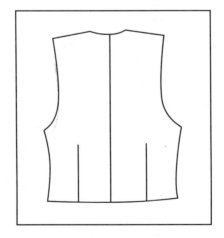

(b) 背面

⊕ **图 6-230** 　男马夹的外形

部位	衣长	胸围	肩宽	领围
规格	60cm	100cm	38cm	40cm

（净缝裁剪）

一 男马夹裁剪制图

1. 男马夹前片的裁剪制图

（1）男马夹前片裁剪制图的步骤　其裁剪制图步骤如图6-231～图6-236所示。

① 下摆线：在布料左边作垂直线。

② 衣长线：从下摆线向右取60cm为衣长，作下摆线的平行线。

③ 止口线：从布边向上1cm，作布边平行线。

④ 叠门线：从止口线向上2cm，作止口线平行线。

⑤ 下肩线：取 1/20 胸围－1＝4cm，衣长线向左作平行线。

⑥ 袖窿深线：取 1/5 胸围＋1＝21cm，下肩向左作平行线。

⑦ 腰节线：取 1/2 衣长＋11＝41cm，衣长线向左作平行线。

⑧ 领大：取 1/5 领围＋0.5＝8.5cm，在衣长线上定点。

⑨ 领深与袖窿深线平齐（在止口线上定点）。

⑩ 领弧线：用直线从领大连到袖窿深止口线处；直线 1/2 处凹进1cm；用圆顺弧线连接。

⑪ 肩宽：取 1/2 肩宽为19cm，在下肩线上定点。

⑫ 胸宽：比肩小 1.5cm，也称冲肩量，作迭门线也平行线，左连到袖窿深，右连到下肩线。

⑬ 胸围大：取 1/4 胸围＝25cm，在袖窿深线上定点，作叠门线的平行线，左连到下摆，右连到袖窿深。

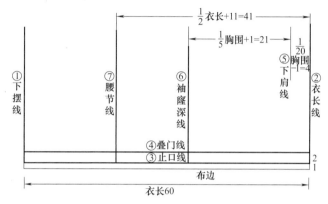

🔲 图 6-231　男马夹前片裁剪制图步骤一

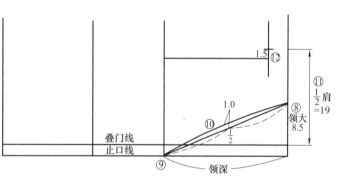

🔲 图 6-232　男马夹前片裁剪制图步骤二

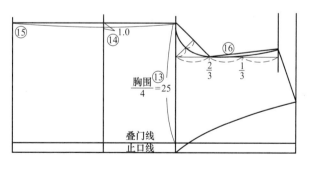

🔲 图 6-233　男马夹前片裁剪制图步骤三

⑭ 腰节比胸围小 1cm，在腰节线上定点。

⑮ 下摆与胸围大一致，作摆缝连接线。

⑯ 袖窿弧线：袖窿分为 3 等份；用直线从肩宽连到 2/3 处；在袖窿深 1/3 处取直线与

部位	衣长	胸围	肩宽	领围
规格	60cm	100cm	38cm	40cm

（净缝裁剪）

胸宽 1/2 处为凹进点；用直线从 2/3 处连到胸围大，作角平分线，取 1/2 定点；用圆顺弧线连接。

⑰ 用直线连接肩斜线。

⑱ 手巾袋：取胸宽 1/2 处向上 0.5cm 为袋中线；袋大取 1/10 胸围＝10cm，以袋中线上下平分，一边取 5cm；袋口线与袖窿深平齐；后袋角向右起翘 1cm；袋口宽为 2.2cm，从袋口起翘线向右作平行线。

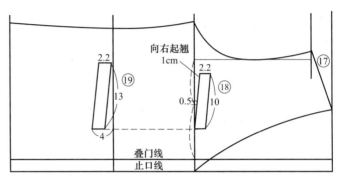

图 6-234　男马夹前片裁剪制图步骤四

⑲ 大袋：前袋角与小袋前袋角平齐；从腰节线向左取 4cm 为袋口线，袋口起翘与小袋平行；袋口大取 1/10 胸围＋3＝13cm，从前袋角线向上 13cm 定点；袋口宽为 2.2cm，从袋口线向右作平行线。

⑳ 下摆倒角：在摆缝线上定点，从下摆向右取 7cm；在止口线上定点，从下摆线向右取 8cm；在下摆线上定点，从叠门线向上取 4cm；用直线从止口线 8cm 点连到下摆线 4cm 的点；再用直线从 4cm 点连到摆缝线 7cm 点，直线 1/2 处凹进 1cm，用圆顺弧线连接。

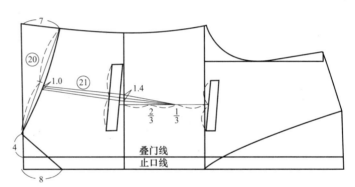

图 6-235　男马夹前片裁剪制图步骤五

㉑ 腰省：取小袋口大 1/2 处，作叠门线平行线连到大袋袋口大；将袖窿深至腰节分为 3 等份，取 1/3 处定点为省尖长；用直线从省尖处，通过大袋袋口大

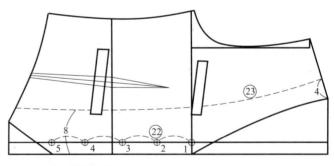

图 6-236　男马夹前片裁剪制图步骤六

1/2 处，连到下摆大，连接直线为省中线；省中收缝为 1.4cm，在腰节线上定点，以省中线上下平分，一边取 0.7cm；省口大 1cm，在下摆线上定点，以省中线上下平分，一边取 0.5cm。

㉒ 纽扣位置：扣位在叠门线上定点。第 1 粒纽扣位与袖窿平齐；第 5 粒扣位与门襟倒角平齐；取第 1～5 粒扣的 1/2 处为第 3 粒扣位；取第 3～1 粒扣的 1/2 处为第 2 粒扣位；取第 3～5 粒扣的 1/2 处为第 4 粒扣位。

部位	衣长	胸围	肩宽	领围
规格	60cm	100cm	38cm	40cm

（净缝裁剪）

㉓挂面：从横开领大向上取4cm；下摆处从止口线向上取8cm，用圆顺弧线连接。

（2）男马夹前片完成图

经过以上步骤即完成男马夹前片的裁剪制图，完成图如图6-237所示。

2. 男马夹后片的裁剪制图

（1）男马夹后片裁剪制图的步骤 其裁剪制图步骤如图6-238～图6-240所示。

① 作背中线。

② 下摆线：在背中线左边作垂直线。

③ 衣长线：从下摆线向右取衣长60－7（前片倒角）＋2.5（背差）＝55.5cm。

④ 下肩线：取1/20胸围－1.5＝3.5cm，衣长向左作平行线。

⑤ 袖窿深线：取（1/5胸围＋1）＋0.5＋2.5＝24cm，下肩线向左作平行线。

⑥ 腰节线：取1/2衣长＋11＋2.5（背差）＝43.5，衣长线向左作平行线。

⑦ 领深：由衣长向左取2.5cm，作衣长线的平行线。

⑧ 领大：取8.5＋0.5＝9cm，在衣长线上定点。

⑨ 领弧线：将领大分为

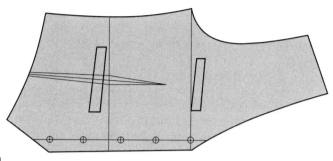

图 6-237 男马夹前片完成图

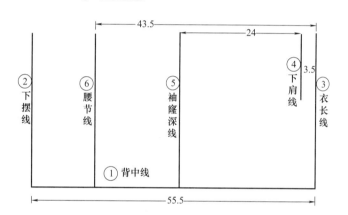

图 6-238 男马夹后片裁剪制图步骤一

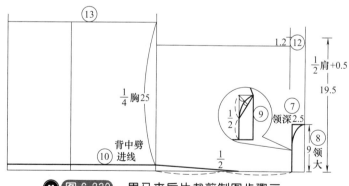

图 6-239 男马夹后片裁剪制图步骤二

2等份；用直线从1/2处连到领大；作领大角平分线，取1/2处定点，用圆顺弧线连接。

⑩ 背中劈进线：腰节劈进1cm；下摆劈进1cm；取袖窿深到衣长1/2处开始用圆顺弧线连接。

⑪ 肩宽：取1/2肩宽＋0.5cm＝19.5cm，在下肩线上定点。

⑫ 胸宽：从肩宽向下取1.2cm，也称冲量，作背中平行线，左连到袖窿深线，右连到下肩线。

部位	衣长	胸围	肩宽	领围
规格	60cm	100cm	38cm	40cm

（净缝裁剪）

⑬ 胸围大：取 1/4 胸围＝25cm，在袖窿深线上定点，从背中劈进线向上，作背中线平行线；左连到下摆线；右连到袖窿深线。

⑭ 用直线连接肩斜线。

⑮ 袖窿弧线：袖窿深分为 3 等份；用直线从肩宽连到 2/3 处；在袖窿深 1/3 处取直线与胸宽 1/2 处为凹进点；用直线从 2/3 处连到胸围大，作角平分线，取 1/2 定点；用圆顺弧线连接。

⑯ 腰节：比胸围小 1cm，在腰节线上定点。

⑰ 下摆：与胸围一致，在下摆线上定点。

⑱ 连接摆缝线。

⑲ 腰省：取胸围大 1/2 处作平行线，左连到下摆线，右连到袖窿深线为省中线；省中收缝为 1.4cm，在腰节线上定点，以省中线上下平分，一边取 0.7cm；省口大为 1cm，在下摆线上定点，以省中线上下平分，一边取 0.5cm。

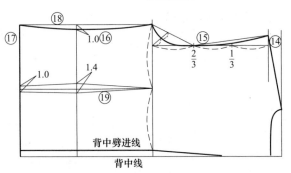

图 6-240 男马夹后片裁剪制图步骤三

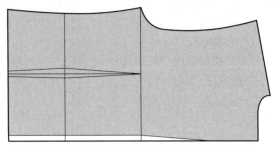

图 6-241 男马夹后片完成图

（2）男马夹后片完成图 经过以上步骤即完成男马夹后片的裁剪制图，完成图如图 6-241 所示。

3. 男马夹辅料的裁剪制图

（1）手巾袋袋口 袋口大为 10cm，袋口宽为 2.2cm×2，如图 6-242 所示。

（2）大袋袋口 袋口大为 13cm，袋口宽为 2.2cm×2，如图 6-243 所示。

（3）手巾袋布 袋布宽为 10＋2＋2＝14cm；袋布长为 12＋13＝25cm，如图 6-244 所示。

（4）大袋布 袋布宽为 13＋2＋2＝17cm；袋布长为 15＋16＝31cm，如图 6-245 所示。

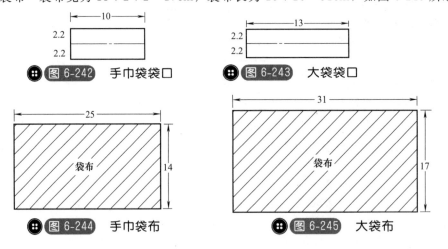

图 6-242 手巾袋袋口

图 6-243 大袋袋口

图 6-244 手巾袋布

图 6-245 大袋布

部位	衣长	胸围	肩宽	领围
规格	60cm	100cm	38cm	40cm

（净缝裁剪）

 男马夹放缝标准

男马夹各部位的放缝标准如图 6-246 所示。

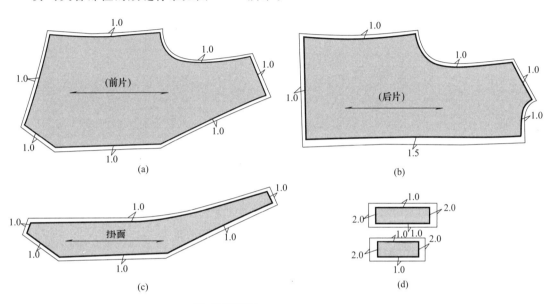

图 6-246 男马夹放缝标准

 男马夹排料范例

门幅 144cm 男马夹排料范例如图 6-247 所示。

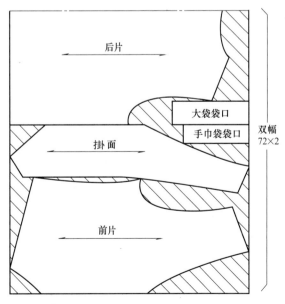

图 6-247 门幅 144cm 男马夹排料范例

四 男马夹缝制工艺流程

男马夹缝制的工艺流程如图 6-248 所示。

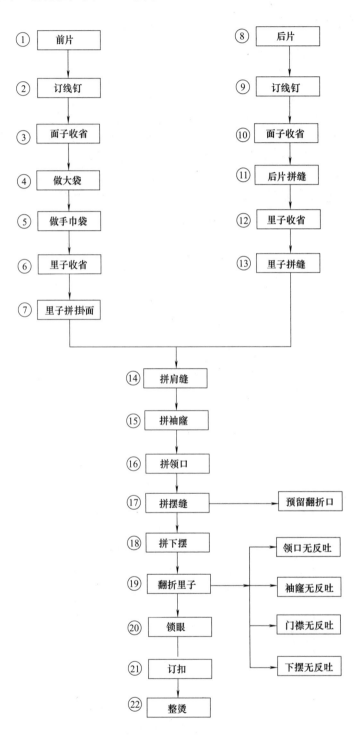

图 6-248 男马夹缝制工艺流程

五 男马夹缝纫方法与步骤

男马夹缝纫的方法与步骤如图 6-249～图 6-288 所示。

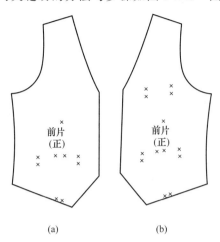

(a)　　　　　(b)

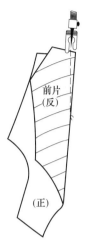

图 6-249 前片钉线钉作记号

图 6-250 前片面子收省

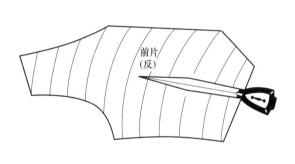

图 6-251 将前片省缝剪开

图 6-252 将前片省缝熨烫

图 6-253 做前片大袋一

图 6-254 做前片大袋二

图 6-255 做前片大袋三

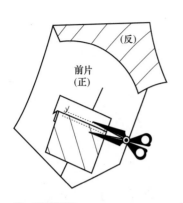

图 6-256　做前片大袋四

图 6-257　做前片大袋五

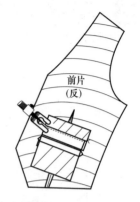

图 6-258　做前片大袋六

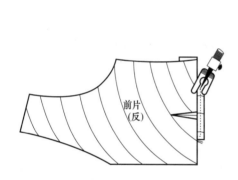

图 6-259　做前片大袋七

图 6-260　做前片
大袋八

图 6-261　前片大袋
成品图

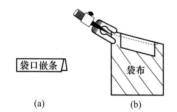

图 6-262　做前片手巾袋一

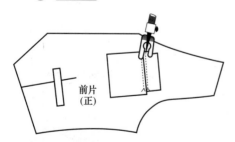

图 6-264　做前片手巾袋三

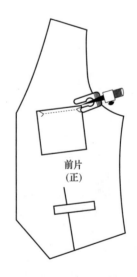

图 6-263　做前片手巾袋二

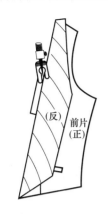

图 6-265 做前片手巾袋四　　图 6-266 做前片手巾袋五　　图 6-267 做前片手巾袋六

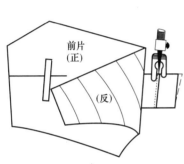
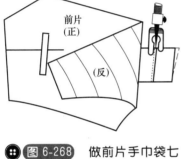

图 6-268 做前片手巾袋七

图 6-269 做前片手巾袋八

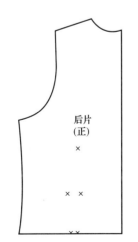

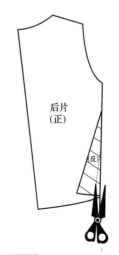

图 6-270 后片钉线钉作记号　　图 6-271 后片面子收省　　图 6-272 将后片省缝剪开

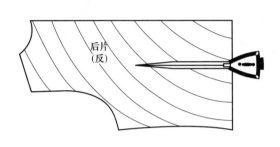

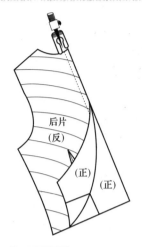

图 6-273 将后片省缝熨烫

图 6-274 拼缝后片

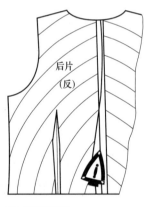

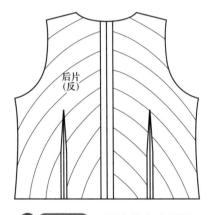

图 6-275 将后中熨烫

图 6-276 后片拼合成品图

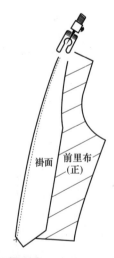

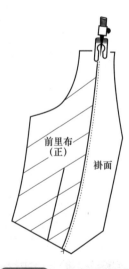

图 6-277 前里子收省

图 6-278 前里子拼褂面

图 6-279 前里子褂面切线

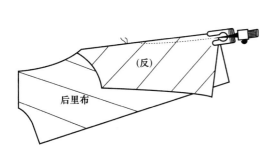

图 6-280　后里布收省

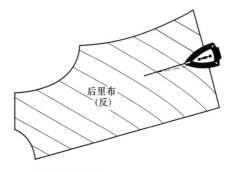

图 6-281　后里布熨烫收省

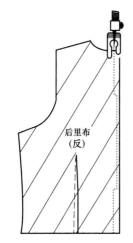

图 6-282　后里布拼后中缝

图 6-283　后里布背中留眼皮缝

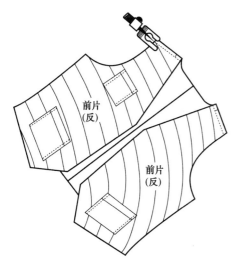

图 6-284　组合前、后片面子

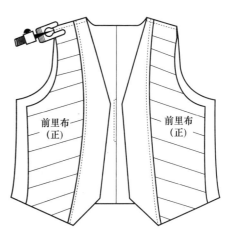

图 6-285　组合前、后片里子

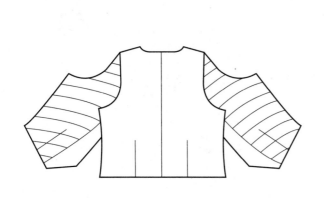

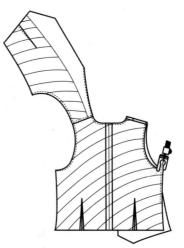

图 6-286 组合前、后片面子与里子一　　图 6-287 组合前、后片面子与里子二

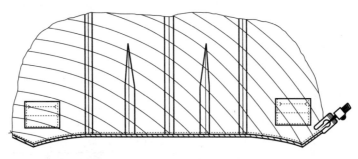

图 6-288 组合前、后片面子与里子下摆

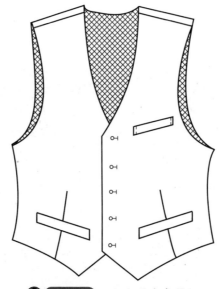

图 6-289 男子马夹成品图

第七节 男茄克衫的裁剪与缝纫

男茄克衫的外形如图 6-290 所示。

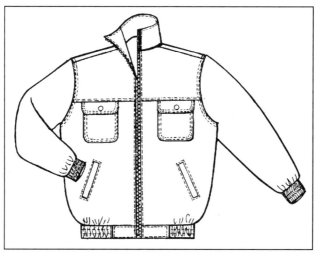

(a) 前面

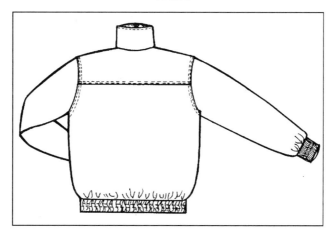

(b) 后面

图 6-290 男茄克衫的外形

部位	衣长	胸围	肩宽	领大	袖长	袖口	袖口宽
规格	68cm	120cm	50cm	48cm	60cm	23cm	5cm

（净缝裁剪）

男茄克衫裁剪制图

1. 男茄克衫前片的裁剪制图

（1）男茄克衫前片裁剪制图的步骤　其裁剪制图步骤如图 6-291～图 6-294 所示。

① 前中线：作布边 1.5cm 平行线。

② 下摆线：在布抖左边作垂直线。

③ 衣长线：从下摆线向右取衣长 68－5cm（下摆宽）＝63cm，作下摆线平行线。

④ 下肩线：取 1/20 胸围 －1＝5cm，从衣长线向左作平行线。

⑤ 袖窿深线：取 1/5 胸围 ＝24cm，从下肩线向左作平行线。

⑥ 领大：在衣长线上，从前中线向上取 1/5 领围－0.5＝9.1cm，作前中线平行线。

⑦ 领深：从衣长线向左取 1/5 领围＋0.5＝10.1cm，作衣长线平行线。

⑧ 肩宽：取 1/2 肩＝25cm，在下肩线定点，从前中线向上。

⑨ 胸宽：比肩宽小 2.5cm，也称冲肩量，作前中线平行线，左连到袖窿深线，右连到下肩线。

⑩ 胸围大：取 1/4 胸围＝30cm，从前中线向上作平行线，左连到下摆线，右连到袖窿深线。

⑪ 领弧线：作对角线分为 3 等份；用圆顺弧线从 1/3 处连接。

⑫ 用直线连接肩斜线。

⑬ 袖窿弧线：袖窿深分为 3 等份；用直线从肩宽连到 2/3

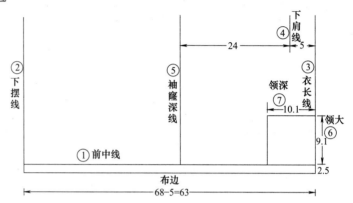

图 6-291 男茄克衫前片裁剪制图步骤一

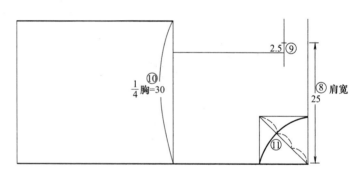

图 6-292 男茄克衫前片裁剪制图步骤二

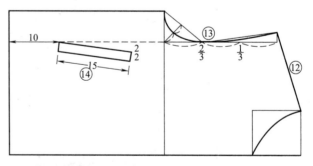

图 6-293 男茄克衫前片裁剪制图步骤三

处，在袖窿深 1/3 处，取直线与胸宽 1/2 处为凹进点；用直线从 2/3 处连到胸围大，作角平分线，取 1/2 定点；用圆顺弧线连接。

部位	衣长	胸围	肩宽	领大	袖长	袖口	袖口宽
规格	68cm	120cm	50cm	48cm	60cm	23cm	5cm

（净缝裁剪）

⑭ 斜插袋：作胸宽线延长线；从下摆向右 10cm 为袋大下端线；从袋口大下端线向右取 1/10 胸围＋3＝15cm 为袋口大；袋口大上端斜度为 2cm；袋口宽为 2cm 作垂直线。

⑮ 前育克：取袖窿深 2/3 处，作衣长线平行线。

⑯ 前育克贴袋：从胸宽 1/2 处向上 1cm 作前中线平行线为袋中线；育克开片向左取 1.2cm 为袋口线；袋口大，取 1/10 胸围＝12cm，在袋口线上以袋中线上下平分；袋深，从袋口线向左取 12cm 作平行线；袋盖取在育克开片处；袋盖宽比袋口两边各大 0.3cm，即 12＋0.3＋0.3＝12.6cm；袋盖高 4.5cm。

⑰ 挂面：从横开领处向上取 4cm；下摆处从前中向上取 8cm。

（2）男茄克衫前片完成图 经过以上步骤即完成男茄克衫前片的裁剪制图，完成图如图 6-295 所示。

2. 男茄克衫后片的裁剪制图

（1）男茄克衫后片裁剪制图的步骤 其裁剪制图步骤如图 6-296 ～图 6-298 所示。

① 作对折线为背中线。

② 在背中线左边作垂直线为下摆线。

③ 衣长线：取实际衣长 68－5（下摆宽）＋2.5（背差）＝65.5cm，作下摆线平行线。

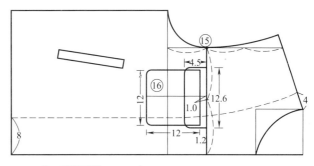

⊞ 图 6-294 男茄克衫前片裁剪制图步骤四

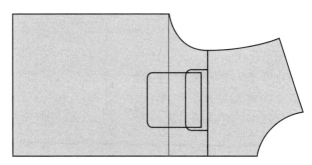

⊞ 图 6-295 男茄克衫前片完成图

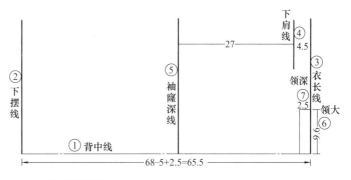

⊞ 图 6-296 男茄克衫后片裁剪制图步骤一

④ 下肩线：取 1/20 胸围－1.5＝4.5cm，从衣长线向左取 4.5cm，作平行线。

⑤ 袖窿深线：取（1/5 胸围）＋0.5＋2.5＝27cm，从下肩线向左作平行线。

⑥ 领大：在衣长线上，从背中线向上取 1/5 领＝9.6cm，作背中线平行线。

⑦ 领深：从衣长线向左取 2.5cm，作衣长线平行线。

⑧ 领弧线：取横开领大 1/2 处定点；用直线连到衣长；作角平分线取 1/2 处定点，用圆顺弧线连接。

⑨ 肩宽：取 1/2 肩＋0.5＝25.5cm，在下肩线上定点。

⑩ 胸宽：比肩宽小 2cm，也称冲肩量，作背中线平行线，左连到袖窿深线，右连到下肩线。

部位	衣长	胸围	肩宽	领大	袖长	袖口	袖口宽
规格	68cm	120cm	50cm	48cm	60cm	23cm	5cm

（净缝裁剪）

⑪ 胸围大：取 1/4 胸围＝30cm，从背中线向上作平行线，左连到下摆线，右连到袖窿深线。

⑫ 用直线连接肩斜线。

⑬ 袖窿弧线：袖窿深分为 3 等份；用直线从肩宽连到 2/3 处，在袖窿深 1/3 处取直线与胸宽 1/2 处为凹进点；用直线从 2/3 处连到胸围大，作角平分线，取 1/2 定点；用圆顺弧线连接。

⑭ 后片育克：取袖窿深 $\frac{1}{2}$ 处作衣长线平行线。

（2）男茄克衫后片完成图 经过以上步骤即完成男茄克衫后片的裁剪制图，完成图如图6-299 所示。

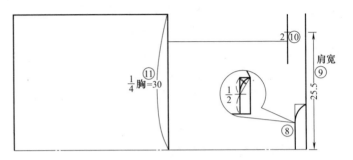

图 6-297 男茄克衫后片裁剪制图步骤二

3. 男茄克衫袖片的裁剪制图

（1）男茄克衫袖片裁剪制图的步骤 其裁剪制图步骤如图6-300 和图 6-301 所示。

① 作袖中线。

② 在袖中线右侧作垂直线为袖筒深线。

③ 从袖筒深线向右取 1/10 胸＋1＝13cm，作平行线为袖长线。

④ 从袖长线向左取 60－5（袖口宽）＝55cm，为袖口线。

⑤ 袖山高斜线：取（前 AH＋后 AH）/2＋0.5cm＝x，用直线连接。

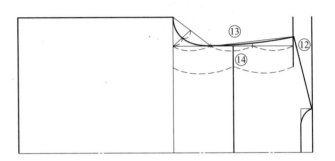

图 6-298 男茄克衫后片裁剪制图步骤三

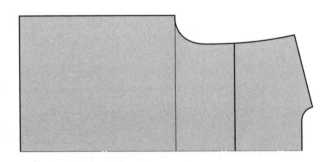

图 6-299 男茄克衫后片完成图

⑥ 袖围大线：在袖筒深线上定点，取袖山高斜线点作袖中线平行线。

⑦ 袖山弧线：取前半袖袖山高分为 4 等份，1/4 处凹进 1cm；3/4 处凸出 1.3cm；后半袖分为 3 等份；2/3 处凸出 2.2cm；1/3 处凸出 1.2cm；用弧线连接。

⑧ 袖口大：取实际袖口大 23＋12（袖口放松量）＝35cm。

（2）男茄克衫袖片完成图 经过以上步骤即完成男茄克衫袖片的裁剪制图，完成图如图6-302 所示。

部位	衣长	胸围	肩宽	领大	袖长	袖口	袖口宽
规格	68cm	120cm	50cm	48cm	60cm	23cm	5cm

（净缝裁剪）

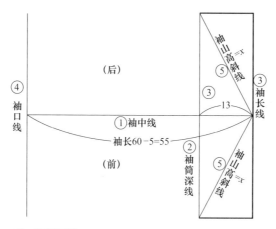

图 6-300　男茄克衫袖片裁剪制图步骤一

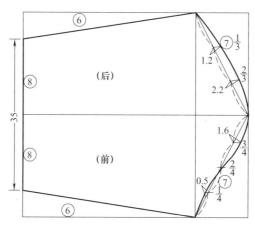

图 6-301　男茄克衫袖片裁剪制图步骤二

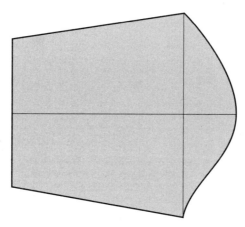

图 6-302　男茄克衫袖片完成图

部位	衣长	胸围	肩宽	领大	袖长	袖口	袖口宽
规格	68cm	120cm	50cm	48cm	60cm	23cm	5cm

（净缝裁剪）

4. 男茄克衫辅料的裁剪制图

（1）男茄克衫下摆搭头　宽为 5cm×2，长为 15cm，如图 6-303 所示。

（2）男茄克衫下摆松紧　宽为 5cm×2，长为 120－15－15＝90cm，如图 6-304 所示。

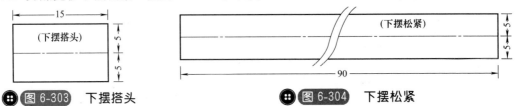

图 6-303　下摆搭头　　　　　图 6-304　下摆松紧

（3）领片　如图 6-305 所示。

① 作对折线为领中线。

② 在右边作垂直线为基本线。

③ 从基本线向左取领宽 11cm。

④ 从对折线向上取 1/2 领大＝24cm。

⑤ 将 1/2 领大分为 3 等份。

⑥ 从基本线向左：在领中线上取 0.8cm；在 1/3 处取 0.5cm；在 2/3 处取 0.3cm；在 1/2 领大处取 0.3cm；用圆顺弧线连接。

⑦ 在领角处：因为门襟装拉链到领口上端，所以在领角处从 1/2 领大向下取 1cm，用直线连接，使装领线与领角线为直角。

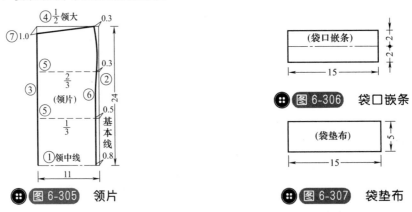

图 6-305　领片　　　　　图 6-306　袋口嵌条

图 6-307　袋垫布

（4）袋口嵌条　宽为 2cm×2，长为袋口大 15cm（袋口大），如图 6-306 所示。

（5）袋垫布　宽为 5cm，长为 15cm（袋口大），如图 6-307 所示。

（6）袖口　宽为 5cm×2，袖口大为 35cm，如图 6-308 所示。

（7）袋布　如图 6-309 所示。

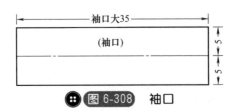

图 6-308　袖口

部位	衣长	胸围	肩宽	领大	袖长	袖口	袖口宽
规格	68cm	120cm	50cm	48cm	60cm	23cm	5cm

（净缝裁剪）

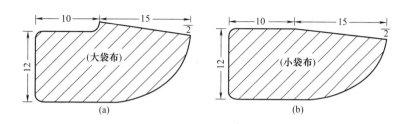

图 6-309　大、小袋布

① 大袋布：宽为12＋2（袋口宽出量）＝14cm，长为10（袋深）＋15（袋口大）＝25cm。

② 小袋布：宽为 12cm，长为 10（袋深）＋15（袋口大）＝25cm。

（8）贴袋　袋宽为 12cm，袋深为 12cm，如图 6-307 所示。

（9）袋盖　袋盖高为 4.5cm，袋盖宽为 12＋0.3＋0.3＝12.6cm，如图 6-311 所示。

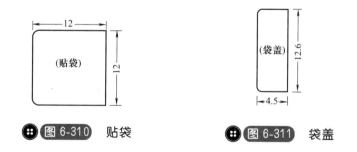

图 6-310　贴袋　　　　　　图 6-311　袋盖

（10）褂面　宽为 8cm，长为 63cm，上口宽为 4cm，如图 6-312 所示。

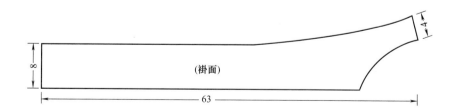

图 6-312　褂面

部位	衣长	胸围	肩宽	领大	袖长	袖口	袖口宽
规格	68cm	120cm	50cm	48cm	60cm	23cm	5cm

（净缝裁剪）

 男茄克衫放缝标准

男茄克衫各部位的放缝标准如图 6-313 所示。

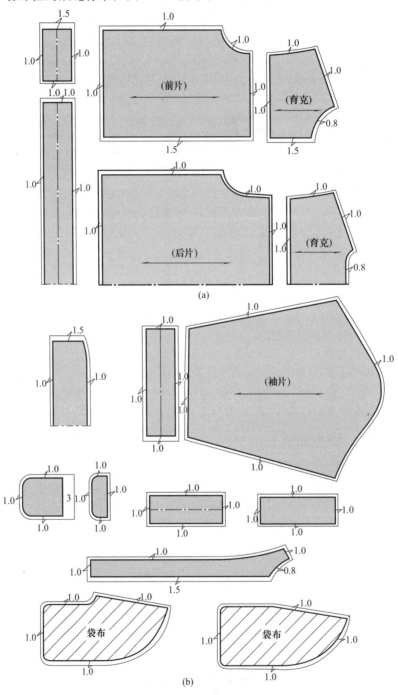

图 6-313 男茄克衫放缝标准

三　男茄克衫排料范例

门幅 142cm 单件排料范例如图 6-314 所示。

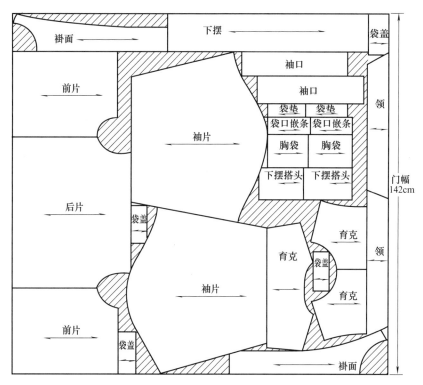

图 6-314 门幅 142cm 单件排料范例

门幅 112cm 单件排料范例如图 6-315 所示。

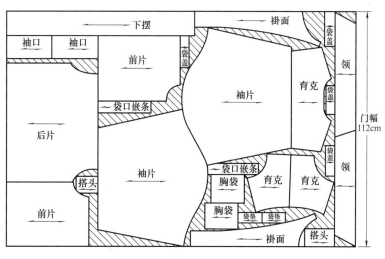

图 6-315 门幅 112cm 单件排料范例

四 男茄克衫缝制工艺流程

男茄克衫缝制的工艺流程如图 6-316 所示。

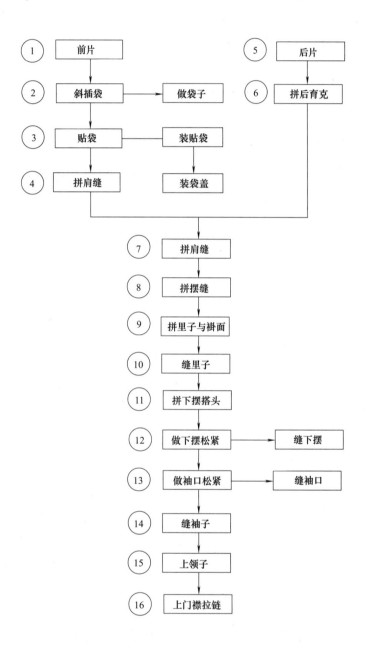

🔅 图 6-316　男茄克衫缝制工艺流程

五 **男茄克衫缝纫方法与步骤**

男茄克衫缝纫的方法与步骤如图 6-317～图 6-348 所示。

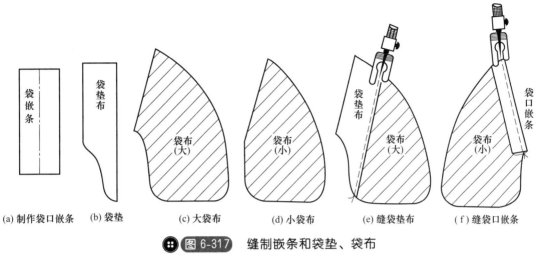

(a) 制作袋口嵌条　(b) 袋垫　　(c) 大袋布　　(d) 小袋布　　(e) 缝袋垫布　　(f) 缝袋口嵌条

图 6-317 缝制嵌条和袋垫、袋布

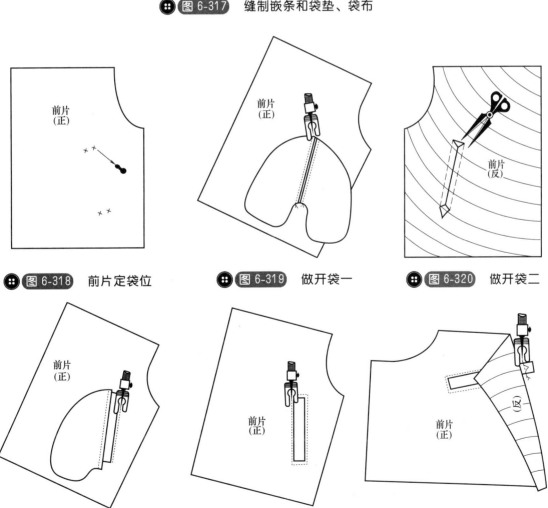

图 6-318 前片定袋位　　　　**图 6-319** 做开袋一　　　　**图 6-320** 做开袋二

图 6-321 做开袋三　　　　**图 6-322** 做开袋四　　　　**图 6-323** 做开袋五

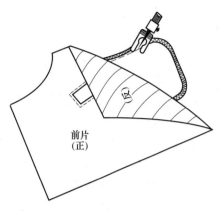

图 6-324　做开袋六

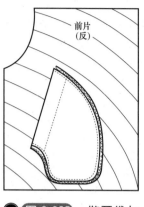

图 6-325　做开袋七

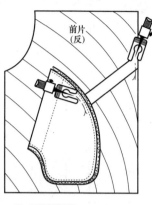

图 6-326　做开袋八

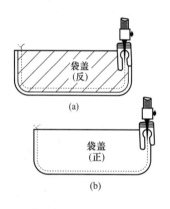

(a)

(b)

图 6-327　做袋盖

(a)

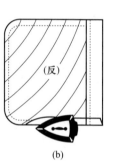

(b)

图 6-328　熨烫贴袋

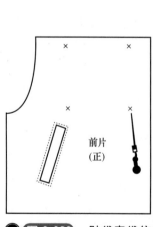

图 6-329　贴袋定袋位

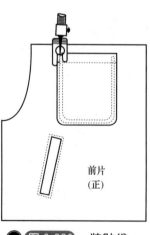

图 6-330　装贴袋一

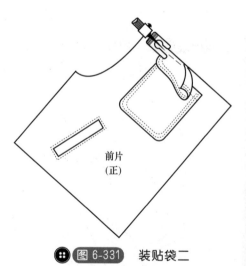

图 6-331　装贴袋二

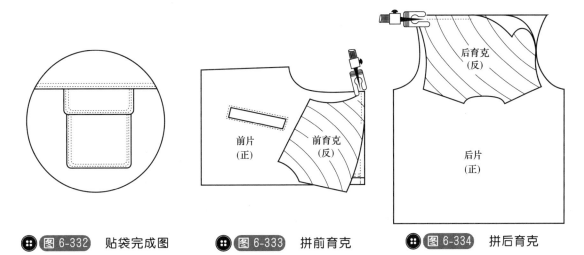

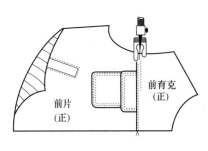

图 6-332　贴袋完成图　　　图 6-333　拼前育克　　　图 6-334　拼后育克

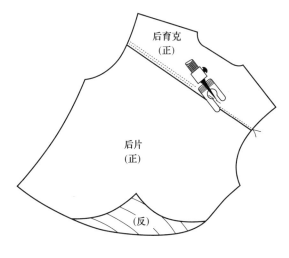

图 6-335　前育克正面切线

图 6-336　后育克正面切线

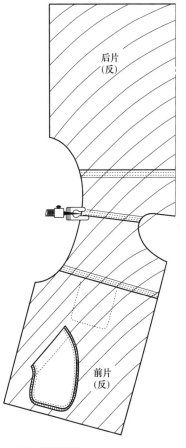

图 6-337　拼前后肩缝

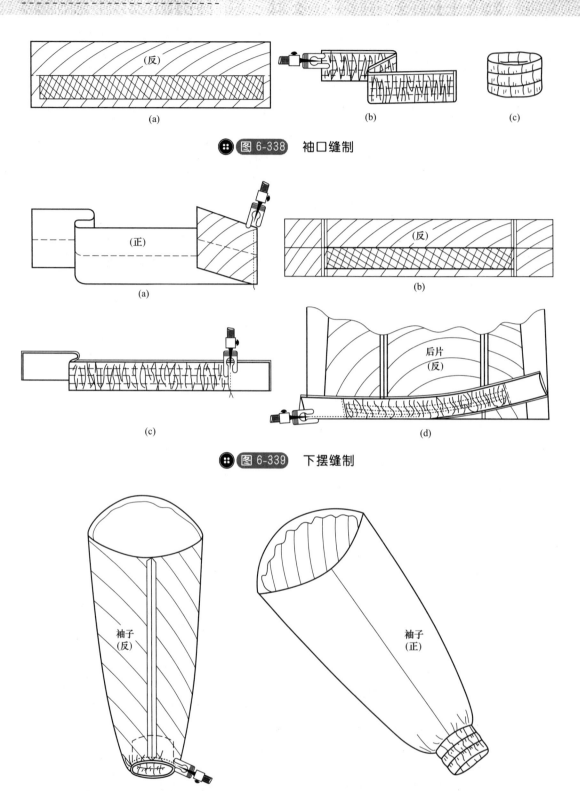

(a)　　　　　　　　　　　(b)　　　　　　　　　　　(c)

图 6-338　袖口缝制

(a)　　　　　　　　　　　　　　　(b)

(c)　　　　　　　　　　　　　　　(d)

图 6-339　下摆缝制

(a)　　　　　　　　　　　　　　　(b)

图 6-340　袖口缝制

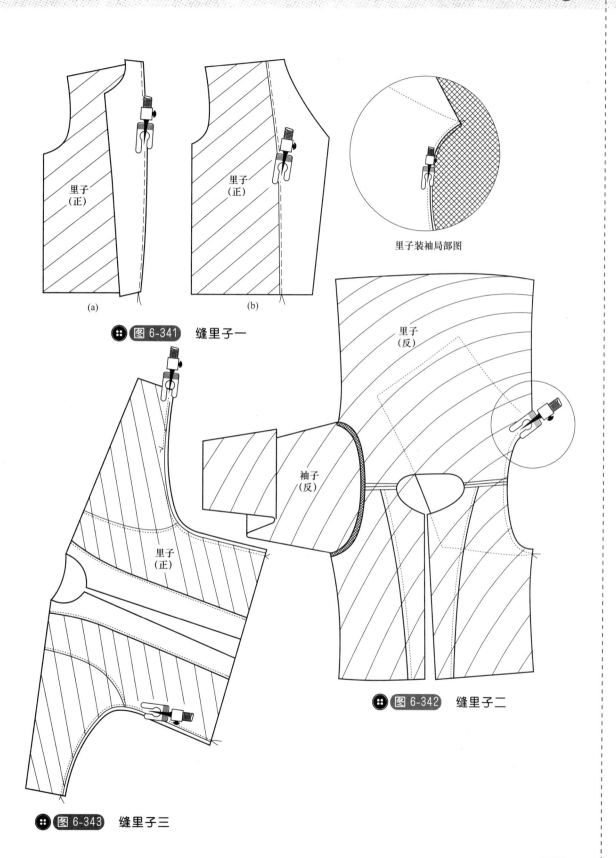

里子
（正）

里子
（正）

里子装袖局部图

(a)

(b)

图 6-341 缝里子一

里子
（反）

袖子
（反）

里子
（正）

图 6-342 缝里子二

图 6-343 缝里子三

图 6-344　领片压衬

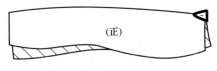

图 6-347　领片小烫二

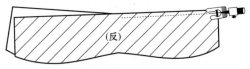

图 6-345　领片缝制

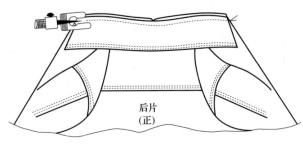

后片
（正）

图 6-348　成衣组合一

图 6-346　领片小烫一

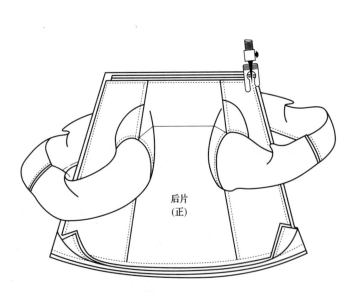

后片
（正）

图 6-349　成衣组合二

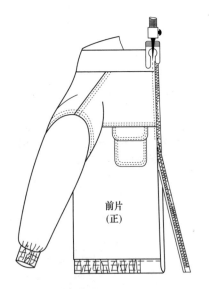

前片
（正）

图 6-350　成衣组合三

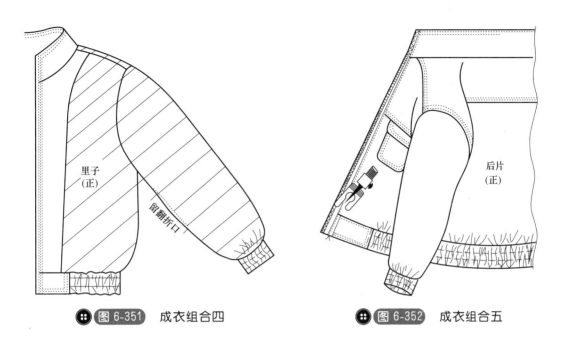

里子
（正）

留翻折口

后片
（正）

图 6-351　成衣组合四

图 6-352　成衣组合五

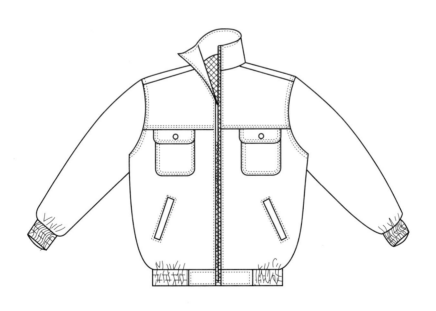

图 6-353　茄克衫成品图

第八节　单排扣女西装的裁剪与缝纫

单排扣女西装的外形如图 6-354 所示。

 单排扣女西装裁剪与制图

1. 单排扣女西装前片的裁剪制图

（1）单排扣女西装前片裁剪制图的步骤　其裁剪制图步骤如图 6-355～图 6-375 所示。

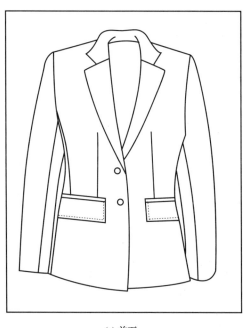

(a) 前面

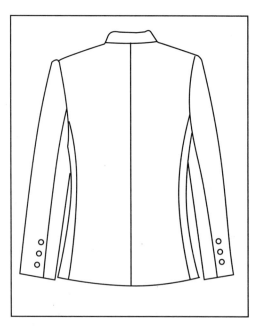

(b) 后面

⊞ 图 6-354　单排扣女西装的外形

部位	衣长	胸围	肩宽	腰节	袖长	袖口
规格	70cm	100cm	44cm	41cm	54cm	14.5cm

(净缝裁剪)

① 基础线：从布边向上取1cm作布边平行线。

② 下摆线：在基础线左边作垂直线。

③ 衣长线：从下摆线向右取衣长70cm，作下摆线平行线。

④ 下肩线：从衣长线向左取1/20胸围＋0.5＝5.5cm，作衣长线平行线。

⑤ 袖窿深线：从下肩线向左取1/5胸围－0.5＝19.5cm，作下肩线平行线。

⑥ 后袖窿高线：从袖窿深线向右取1/20胸围＝5cm，作袖窿深平行线。

⑦ 腰节线：取1/2衣长＋6＝41cm，衣长线向左取41cm作平行线。

⑧ 腰节起翘线：从腰节线向右取1cm，作腰节线平行线。

⑨ 下摆起翘线：从下摆线向右取1.8cm，作下摆线平行线。

⑩ 止口线：从基础线向上1cm作平行线。

⑪ 叠门线：从止口线向上2cm作平行线。

⑫ 劈门线：在衣长线上定点，从叠门线向上取1.5cm，用直线连到袖窿深线，直线1/2处凹0.3cm，用弧线连接。

⑬ 领大：取1/10胸围－1.5＝8.5cm，在衣长线上定点，从劈门线向上取8.5cm，作基本线平行线。

⑭ 领深：取1/10胸围－2＝8cm，从衣长线向左取8cm作衣长线平行线。

⑮ 纽扣位置的定法：在叠门线上定点。A. 从腰节线向右取2cm为

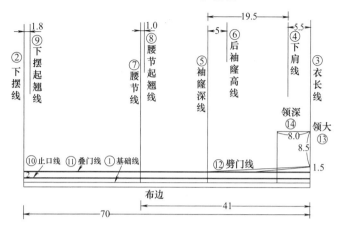

图 6-355 单排扣女西装前片裁剪制图步骤一

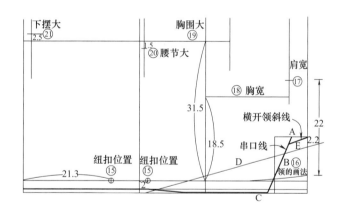

图 6-356 单排扣女西装前片裁剪制图步骤二

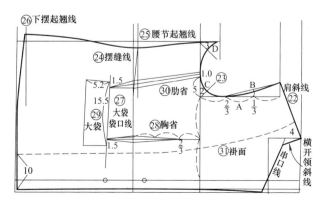

图 6-357 单排扣女西装前片裁剪制图步骤三

部位	衣长	胸围	肩宽	腰节	袖长	袖口
规格	70cm	100cm	44cm	41cm	54cm	14.5cm

（净缝裁剪）

第 1 粒扣；B. 从下摆向右取 1/3 衣长－2＝21.3cm 为第 2 粒扣。

⑯ 领：A. 领深分为 2 等份；B. 用直线从 2 等份处通过劈门线领深点连到基本线为串口线；C. 再用直线连到第 1 粒扣止口线，直线 1/2 处凹进 0.3～0.5cm，用弧线连接；D. 从横开领大向下取 2.2cm 用直线连到第 1 粒扣止口线为驳头翻折线；E. 作翻折线平行线为横开领斜线。

⑰ 肩宽：在下肩线上定点，从劈门线向上取 1/2 肩宽＝22cm。

⑱ 胸宽：在袖窿深线上定点，从叠门线向上取 1/5 胸围－1.5cm＝18.5cm，作叠门线平行线左连到袖窿深，右连到下肩。

⑲ 胸围大：在袖窿深线上定点，从叠门线向上取 1/3 胸围－2.8＋1（省口大）＝31.5cm，作叠门线平行线，左连到下摆，右连到后袖窿高。

⑳ 腰围大：在腰节起翘线上定点，比胸围小 1.5cm。

㉑ 下摆大：在下摆起翘线上定点，比胸围大 2.5cm。

㉒ 用直线连接肩斜线。

㉓ 袖窿弧线的画法：A. 袖窿深分为 3 等份；B. 用直线从肩宽连到 2/3 处，取直线 1/2 处与胸宽 1/2 处为凹进点；C. 作袖窿深角平分线，取 2cm 定点；D. 作后袖窿高角平分线，取 3cm 定点；E. 用弧线连接。

㉔ 作摆缝线：用圆顺弧线从后袖窿高通过袖窿深、胸围大连到腰节 1.5cm 点，再连到下摆大 2.5cm 点。

㉕ 取腰节大 1/2 处作腰节起翘线。

㉖ 取下摆大 1/2 处作下摆起翘线。

㉗ 大袋袋口线：袋口线与第 2 粒纽扣平齐，并平行下摆起翘线。

㉘ 胸省：A. 取胸宽 1/2 处作叠门线平行线为省中线；B. 省上端取腰节到袖窿 2/3 处；C. 省下端与袋口线平齐；D. 省中收缝 1cm，在腰节线上定点，用直线连接。

㉙ 大袋：A. 从省中线向下取 1.5cm 为前袋角作叠门线平行线；B. 袋口大，取 1/10 胸围＋5.5＝15.5cm，作摆缝线平行线；C. 袋盖高取 1/3 袋口大＝5.2cm，用直线连接。

㉚ 肋省：A. 在袖窿深线上定点，从胸宽向上取 1/20 胸围＝5cm 定点，再向上取 1cm 定点为省大；B. 取省口大 1/2 处用直线连到大袋后袋角向下 1.5cm 处，连接直线为省中线；C. 省口大为 1cm；D. 省中收缝为 1.5cm，在腰节线上定点。

㉛ 门襟褂面：上口处在肩斜线上由领大向上取 4cm，宽，下口处由止口线向上取 10cm 宽，用圆顺弧线连接。

（2）单排扣女西装前片完成图 经过以上步骤即完成单排扣女西装前片的裁剪制图，完成图如图 6-358 所示。

2. 单排扣女西装后片的裁剪制图

（1）单排扣女西装后片裁剪制图的步骤 其裁剪制图步骤如

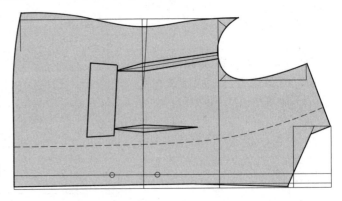

图 6-358 单排扣女西装前片完成图

部位	衣长	胸围	肩宽	腰节	袖长	袖口
规格	70cm	100cm	44cm	41cm	54cm	14.5cm

（净缝裁剪）

图 6-359～图 6-362 所示。

① 作基础线：布边向上 1cm 作平行线。

② 背中线：从基础线向上 1.5cm 作平行线。

③ 下摆线：在背中线左边作垂直线。

④ 衣长线：从下摆线向右取衣长 70－1.8（前下摆起翘）＋2.2（背差）＝70.4cm。

⑤ 下肩线：从衣长线向左取 1/20 胸围＝5cm。

⑥ 袖窿深线：从下肩线向左取（1/5 胸围－0.5）＋0.5＋2.2＝22.2cm。

⑦ 后袖窿高线：从袖窿深线向右取 1/20 胸围＝5cm，作袖窿深线平行线。

⑧ 腰节线：取（1/2 衣长＋6）－1＋2.2＝42.2cm，从衣长线向左作平行线。

⑨ 背中线劈进点：从背中线向上，A. 在腰节线上取 1.5cm；B. 在下摆线上取 1cm，用圆顺弧线从袖窿深至后衣长 1/2 处开始通过袖窿深线连到腰节线 1.5cm 点，再连到下摆 1cm 点。

⑩ 领深：从衣长线向左取 2.2cm，作衣长线平行线。

⑪ 领大：从背中线向上取 1/10 胸围－1＝9cm，作背中线平行线。

⑫ 领弧线：A. 横开领大分为 2 等份；B. 用直线从 1/2 处连到衣长领大处；C. 作角平分线，取 1/2 处定点，用圆顺弧线连接。

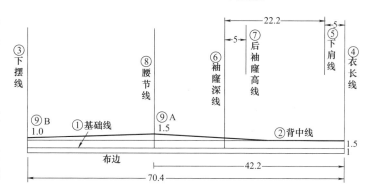

图 6-359 单排扣女西装后片裁剪制图步骤一

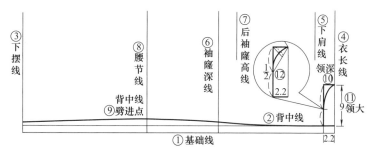

图 6-360 单排扣女西装后片裁剪制图步骤二

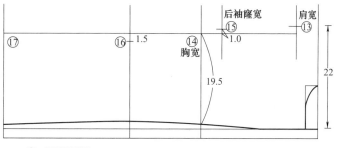

图 6-361 单排扣女西装后片裁剪制图步骤三

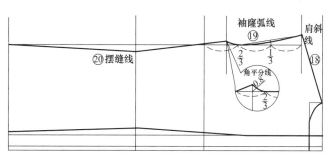

图 6-362 单排扣女西装后片裁剪制图步骤四

部位	衣长	胸围	肩宽	腰节	袖长	袖口
规格	70cm	100cm	44cm	41cm	54cm	14.5cm

（净缝裁剪）

⑬ 肩宽：在下肩线上定点，从背中线劈进线向上取 1/2 肩＝22cm。

⑭ 胸宽：在袖窿深线上定点，从背中线劈进线向上取 1/5 胸围－0.5＝19.5cm，作背中线平行线，左连到下摆，右连到下肩。

⑮ 后袖窿宽：后袖窿高处比胸宽大 1cm，在后袖窿高线上定点。

⑯ 腰节处比胸宽小 1.5cm，在腰节线上定点。

⑰ 下摆线与胸宽大一致。

⑱ 肩斜线：用直线连接肩斜线。

⑲ 袖窿弧线：A. 袖窿深分为 3 等份；B. 用直线从肩宽连到 2/3 处，取直线 1/2 处与胸宽 1/2 处为凹进点；C. 作后袖窿高角平分线，取 0.8cm 定点；D. 用圆顺弧线连接。

⑳ 摆缝线：用圆顺弧线从后袖窿高通袖窿深连到腰围大，再连到下摆大。

（2）单排扣女西装后片完成图　经过以上步骤即完成单排扣女西装后片的裁剪制图，完成图如图 6-363 所示。

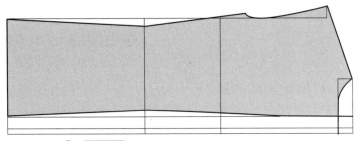

图 6-363　单排扣女西装后片完成图

3. 单排扣女西装大袖片的裁剪制图

（1）单排扣女西装大袖片裁剪制图的步骤　其裁剪制图步骤如图 6-364～图 6-366 所示。

① 基础线：从布边向上取 1.5cm 作平行线。

② 偏袖线：从基础线向上取 3cm，作基础线平行线。

③ 袖口线：在基本线左边作垂直线。

④ 袖长线：从袖口线向右取 54cm，作袖口线平行线。

⑤ 袖筒深：从袖长线向左取 1/10 胸围＋5.5cm＝15.5cm，作袖长线平行线。

⑥ 袖后山高线：取袖筒深 1/3 处，从袖长线向左取 1/3 作平行线。

⑦ 袖标线：取袖筒深 1/4 处，从袖筒深线向右取 1/4 处作平行线。

⑧ 袖肘线：取袖标线到袖口 1/2 处作平行线。

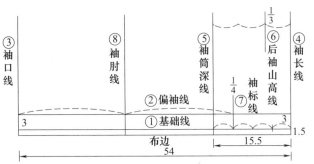

图 6-364　单排扣女西装大袖片裁剪制图步骤一

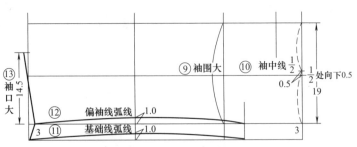

图 6-365　单排扣女西装大袖片裁剪制图步骤二

规格	衣长	胸围	肩宽	腰节	袖长	袖口
规格	70cm	100cm	44cm	41cm	54cm	14.5cm

（净缝裁剪）

⑨ 袖围大：取 1/5 胸围－1＝19cm，从偏袖线向上取 19cm，作平行线。

⑩ 袖中线：取袖围大 1/2 处向下 0.5cm，作偏袖线平行线。

⑪ 基础线弧线：在袖肘线上定点，从基础线向上取 1cm，作连接弧线，左连到袖口，右连到袖标线。

⑫ 偏袖线弧线：在袖肘线上定点，从偏袖线向上，作连接弧线，左连到袖口，右连到袖标线。

⑬ 袖口大：在袖口线上定点，从偏袖线向上取 14.5cm。

⑭ 双包袖袖围大：从袖围大再向上取 2cm 作平行线。

⑮ 袖筒弧线：A. 用直线从袖筒深通过袖标线连到袖中线，到袖标线 1/2 处凹进 0.8cm；B. 用直线从袖标线连到下半袖围大 1/2 处为辅助线，作辅助线垂直线，取 1/2 处定点；C. 用直线从袖中线通过袖后山高延至双包袖袖围大；D. 再用直线从双包袖袖围大点连到上半袖围大 1/2 处为辅助线，作辅助线垂直线，取 1/2 处定点；E. 用圆顺弧线连接袖筒弧线。

⑯ 用弧线从袖后山高下 0.3cm 点通过袖围大连到袖口大。

⑰ 袖衩：长 10cm，宽 2cm。

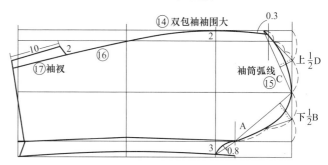

图 6-366 单排扣女西装大袖片裁剪制图步骤三

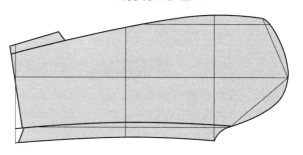

图 6-367 单排扣女西装大袖片完成图

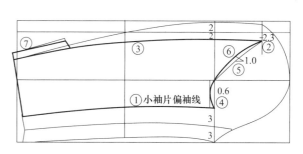

图 6-368 单排扣女西装小袖片裁剪制图步骤

（2）单排扣女西装大袖片完成图

经过以上步骤即完成单排扣女西装大袖片的裁剪制图，完成图如图6-367所示。

4. 单排扣女西装小袖片的裁剪制图

（1）单排扣女西装小袖片裁剪制图的步骤　其裁剪制图步骤如图 6-368 所示。

① 从大袖片偏袖弧线向上取 3cm 作弧线平行线为小袖片偏袖线。

② 在大袖片双包袖袖后山高处作袖长线平行延长线，在延长线上由袖围大向下取 2.3cm 为小袖片袖后山高点。在袖筒深线处由袖围大向下取 2cm 定点为小袖片袖围大。

③ 用圆顺弧线从袖后山高 2.3cm 处通过袖围大 2cm 处连到袖口大。

④ 从袖筒深向左取 0.6cm 作平行线。

⑤ 用直线从小袖片袖后山高 2cm 点连到袖中线，直线 1/2 处凹进 1cm。

部位	衣长	胸围	肩宽	腰节	袖长	袖口
规格	70cm	100cm	44cm	41cm	54cm	14.5cm

（净缝裁剪）

⑥ 用圆顺弧线从小袖片袖后山高 2.3cm 点通过凹进 1cm 点连到袖中线，通过 0.6cm 点连到小袖片偏袖线。

⑦ 袖衩长 10cm，袖衩宽 2cm。

（2）单排扣女西装小袖片完成图　经过以上步骤即完成单排扣女西装小袖片的裁剪制图，完成图如图 6-369 所示。

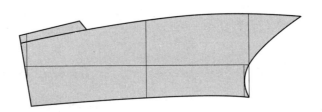

⚫️ 图 6-369　单排扣女西装小袖片完成图

5. 单排扣女西装辅料的裁剪制图

单排扣女西装辅料的裁剪制图如图 6-370 所示。

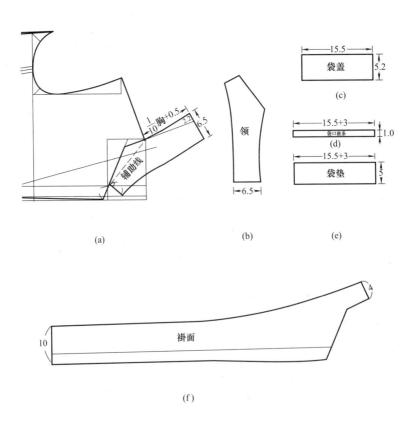

⚫️ 图 6-370　单排扣女西装辅料的裁剪制图

部位	衣长	胸围	肩宽	腰节	袖长	袖口
规格	70cm	100cm	44cm	41cm	54cm	14.5cm

（净缝裁剪）

单排扣女西装放缝标准

单排扣女西装各部位的放缝标准如图6-371所示。

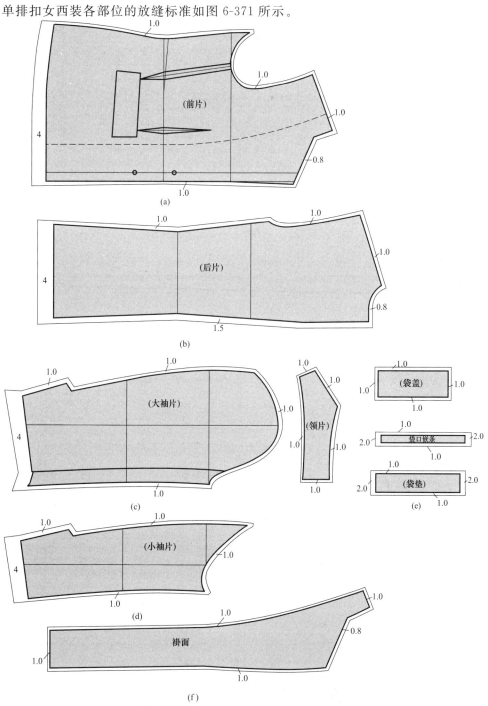

图6-371　单排扣女西装放缝标准

单排扣女西装排料范例

双幅 75cm×2 排料范例如图 6-372 所示。

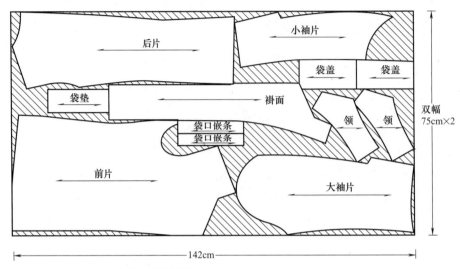

⊞ 图 6-372 双幅 75cm×2 排料范例

单幅 122cm 排料范例如图 6-373 所示。

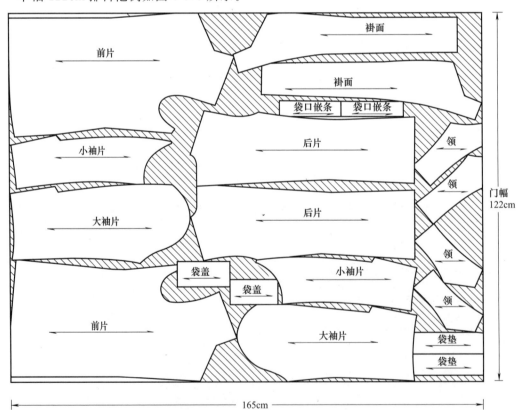

⊞ 图 6-373 门幅 122cm 排料范例

单排扣女西装用衬布部位

单排扣女西装用衬布的部位如图 6-374 所示。

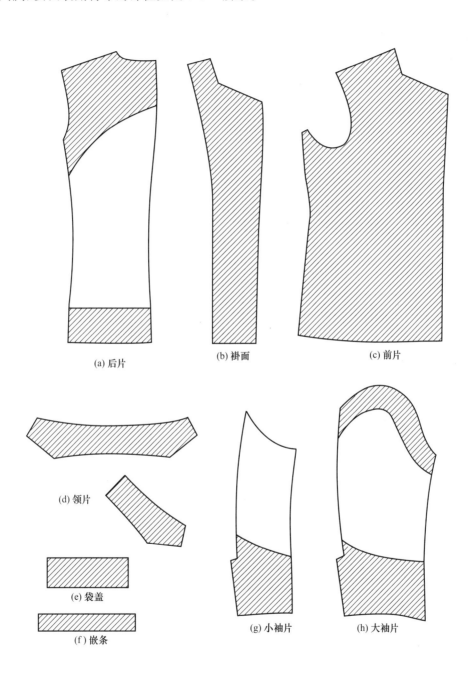

(a) 后片　　(b) 褂面　　(c) 前片

(d) 领片

(e) 袋盖

(f) 嵌条

(g) 小袖片　　(h) 大袖片

图 6-374　单排扣女西装用衬布部位

五 单排扣女西装缝制工艺流程

单排扣女西装缝制的工艺流程如图 6-375 所示。

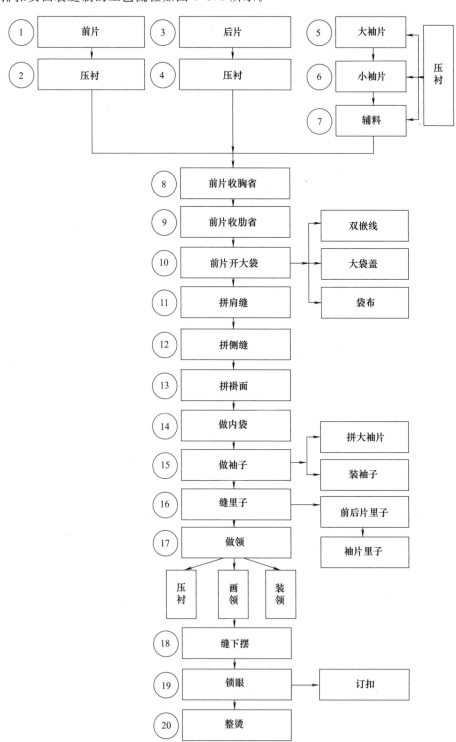

图 6-375 单排扣女西装缝制工艺流程

单排扣女西装缝纫方法与步骤

单排扣女西装缝纫的方法与步骤如图 6-376～图 6-410 所示。

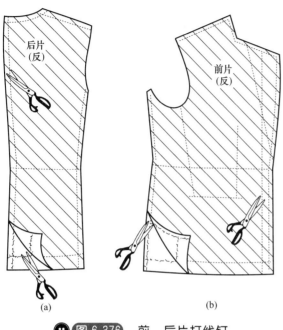

⊞ 图 6-376　前、后片打线钉

⊞ 图 6-377　大袖片、小袖片打线钉

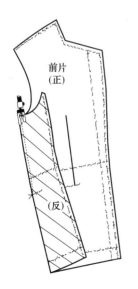

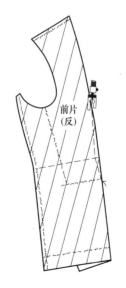

⊞ 图 6-378　前片收肋省

⊞ 图 6-379　前片收胸省

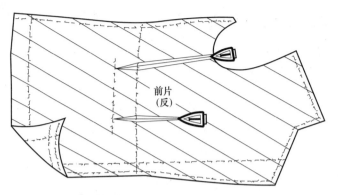

⊞ 图 6-380　烫前片胸省和肋省

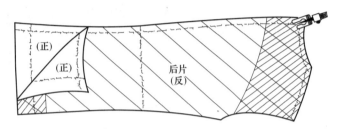

⊞ 图 6-381　拼后中缝

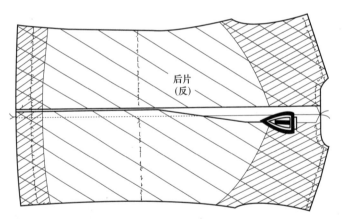

⊞ 图 6-382　烫后中开缝

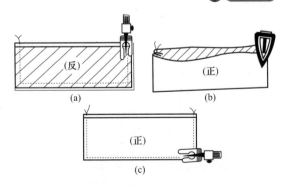

⊞ 图 6-383　做袋盖

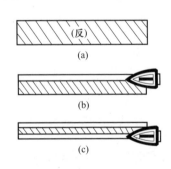

⊞ 图 6-384　烫大袋嵌条

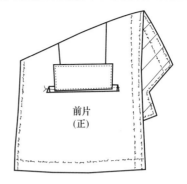

图 6-385　缝纫大袋嵌条

图 6-386　缝纫大袋

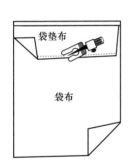

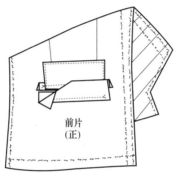

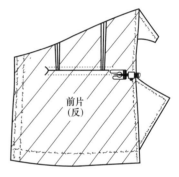

图 6-387　缝纫袋垫布

图 6-388　缝纫大袋

图 6-389　缝纫大袋

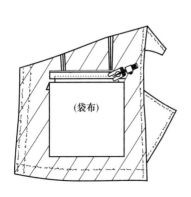

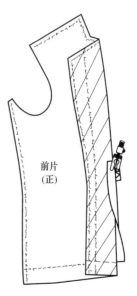

图 6-390　缝纫大袋

图 6-391　封开袋嵌线与三角

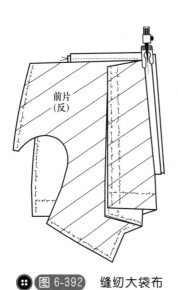

⊕ 图 6-392　缝纫大袋布

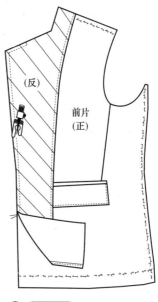

⊕ 图 6-393　拼前片褂面

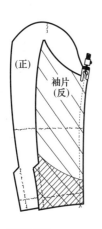

⊕ 图 6-394　缝纫袖片

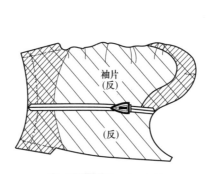

⊕ 图 6-395　烫袖缝

⊕ 图 6-396　缝纫袖片

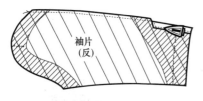

⊕ 图 6-397　烫袖衩

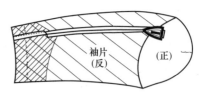

⊕ 图 6-398　烫袖缝

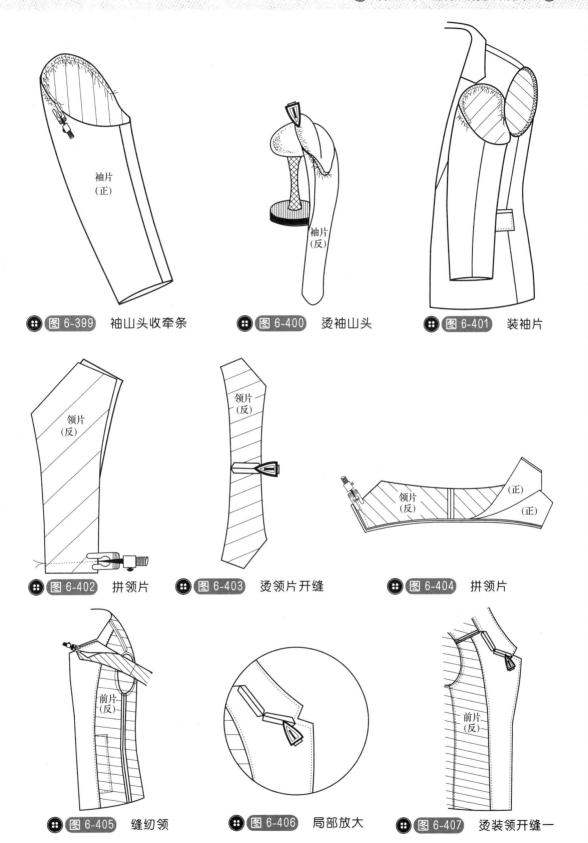

⊕ 图 6-399　袖山头收牵条

⊕ 图 6-400　烫袖山头

⊕ 图 6-401　装袖片

⊕ 图 6-402　拼领片

⊕ 图 6-403　烫领片开缝

⊕ 图 6-404　拼领片

⊕ 图 6-405　缝纫领

⊕ 图 6-406　局部放大

⊕ 图 6-407　烫装领开缝一

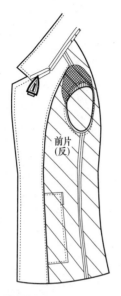

图 6-408　烫装领开缝二

图 6-409　缝下摆

图 6-410　单排扣女西装成品图

第七章 服装缝型标准与实例分析

❋ 第一节　缝型标准类型

❋ 第二节　常用服装缝型符号及图示

❋ 第三节　休闲短裤缝型图示分析范例

第一节　缝型标准类型

服装缝纫形式，也可简称为服装缝型。其标准为 FZ/T 80003—1994 纺织品与服装、缝纫形式分类和术语，标准用图示和标示的形式把常用的缝纫形式分为八大类，如图 7-1 所示。

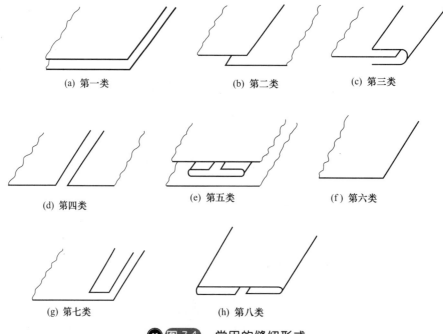

(a) 第一类　　　　(b) 第二类　　　　(c) 第三类

(d) 第四类　　　　(e) 第五类　　　　(f) 第六类

(g) 第七类　　　　(h) 第八类

图 7-1　常用的缝纫形式

第一类缝型至少要由两层缝料形成，而且两层缝料的一条边限在同侧。

第二类缝型至少要由两层缝料形成。这两层缝料各有一条边限，其中一层缝料的一条边限在一侧，另一层缝料的边限在另一侧，两层缝料不在一个平面上，边限对向相互重叠。

第三类缝型至少要由两层缝料形成，其中一层缝料的一条边限在一侧，另一层缝料的两侧都有边限，并骑跨着前一层缝料的边缘。

第四类缝型至少要由两层缝料形成，其中一层缝料的一条边限在一侧，另一层的边限在另一侧。两层缝料处在同一平面上相对向。

第五类缝型至少要由三层缝料形成，两侧都无边限。

第六类缝型仅由一层缝料形成，并只在一侧有边限。

第七类缝型至少由两层缝料形成，其中一层缝料在一侧有边限，其他缝料在两侧都有边限。

第八类缝型至少要由一层缝料形成，缝料两侧都有边限，其他缝料的两侧也有边限。

以上 8 种缝纫类型可以变化成数百种缝型符号，我国纺织行业标准就介绍了 550 种，由于缝型变化无穷，其术语只能用编号数字来代替。

服装缝纫缝型符号在服装缝纫工艺技术指导书中被广泛运用，由于生产操作人员的文化水平差异，一般工艺技术资料都尽量用缝型符号来表示服装局部缝纫的方法，只要有 1～2 年缝纫操作经验的人员就会直接从缝型符号中了解到自己所做工序的缝纫技术要求，以便顺利完成所规定的产量与质量。

第二节 常用服装缝型符号及图示

常用的服装缝型符号及图示如表 7-1 所示。

表 7-1 常用服装缝型符号及图示

序号	缝型名称	缝型符号	缝型图示
①	平缝		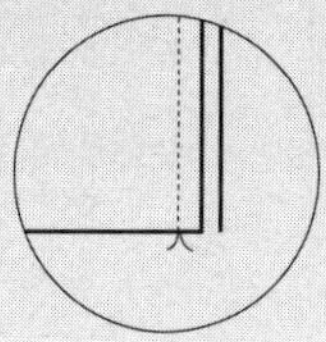
②	压缉缝	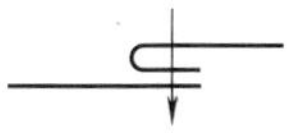	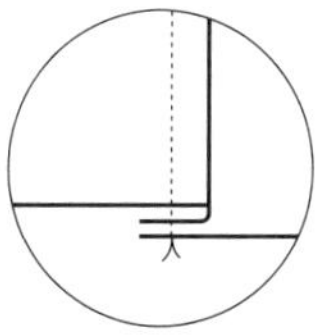
③	搭缝	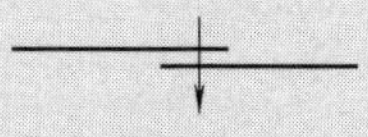	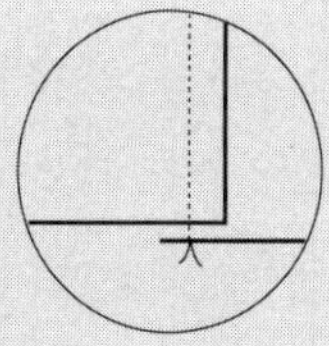
④	卷边缝	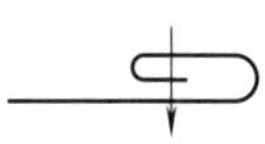	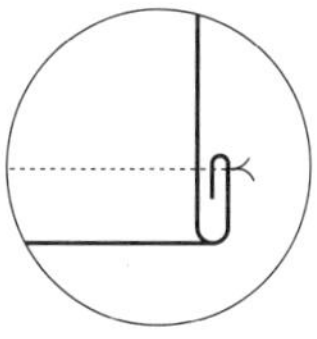

续表

序号	缝型名称	缝型符号	缝型图示
⑤	暗包缝		
⑥	明包缝		
⑦	来去缝		
⑧	平接缝		
⑨	分开缝		
⑩	单止口线		
⑪	双止口线		

序号	缝型名称	缝型符号	缝型图示
⑫	镶嵌线	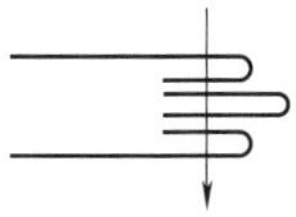	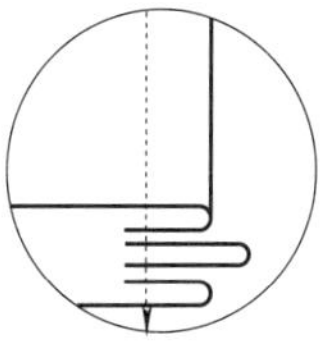
⑬	压嵌条	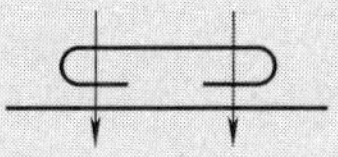	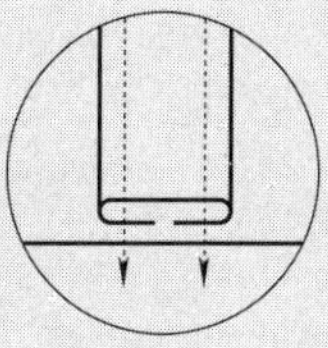
⑭	折褶	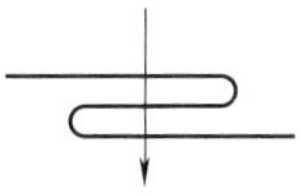	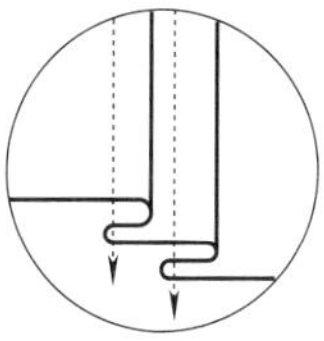
⑮	单边咬缝	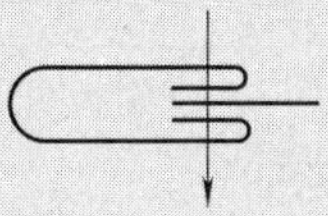	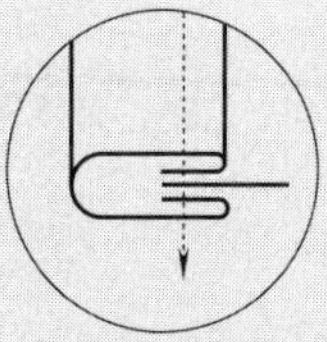
⑯	双边咬缝	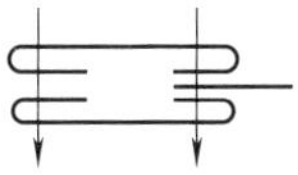	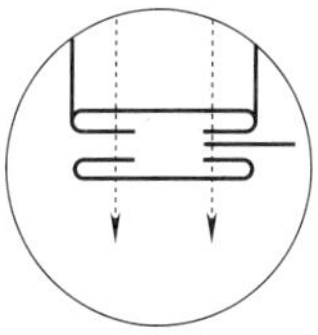
⑰	缉门襟止口	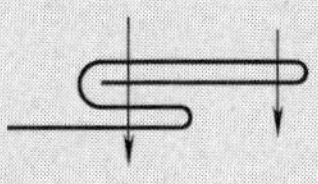	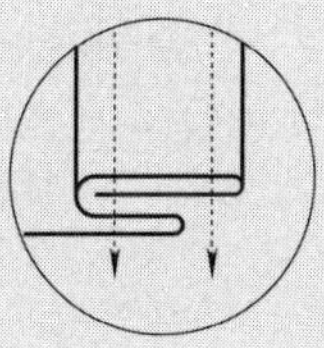
⑱	装拉链缉缝	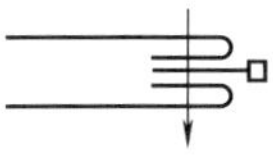	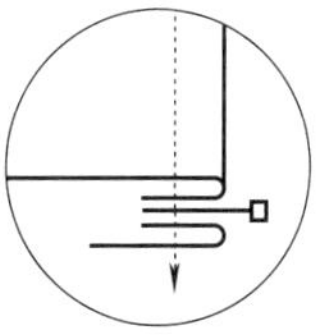

第三节　休闲短裤缝型图示分析范例

休闲短裤缝型图示分析范例如图 7-2 所示。

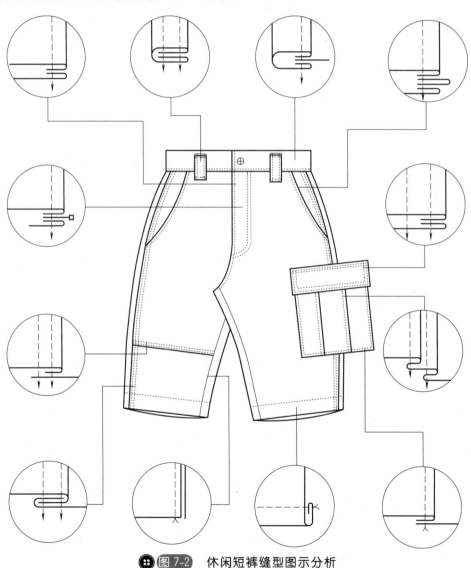

🔘 图 7-2　休闲短裤缝型图示分析

第八章 服装局部款式图例介绍

❀ 第一节　领型款式图例

❀ 第二节　袖子款式图例

❀ 第三节　上装下摆款式图例

❀ 第四节　衬衫克夫款式图例

❀ 第五节　裤前袋款式图例

❀ 第六节　裤后袋款式图例

❀ 第七节　裤腰款式图例

❀ 第八节　贴袋款式图例

第一节 领型款式图例

1. 领型款式图例一

一字形领

圆形领

船形领

U字形领

勺形领

方形领

2. 领型款式图例二

鸡心形领

连身形领

波褶领

小方角坦领

驳口翻领

衬衫领

3. 领型款式图例三

贝形领

钻石形领

漏斗形领

V字形领

小立领

不对称形领

4. 领型款式图例四

西装领

港衫领

燕尾领

青果形领

戗驳头领

扎结领

5. 领型款式图例五

围颈翻领

海军领

装帽领

飘带领

卷翻领

高领坐立领

第二节 袖子款式图例

1. 袖子款式图例一

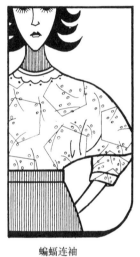

蝙蝠连袖

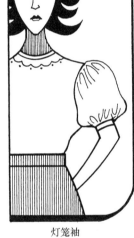

灯笼袖

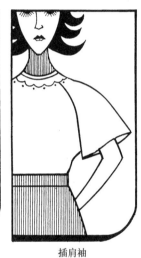

插肩袖

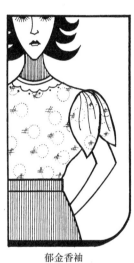

郁金香袖

2. 袖子款式图例二

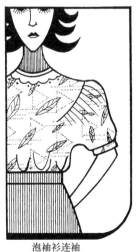

泡袖衫连袖

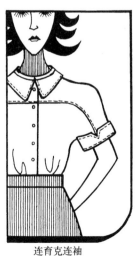

连育克连袖

披肩式连袖

波浪口连袖

3. 袖子款式图例三

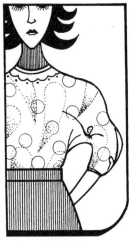

连身袖

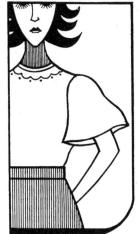

喇叭袖

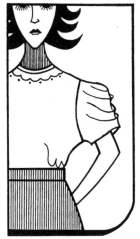

罗马袖

荷叶袖

4. 袖子款式图例四

蝴蝶泡袖

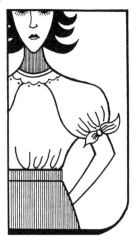

扎结袖

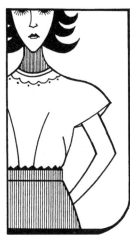

披肩袖

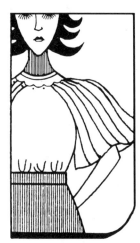

波浪插肩袖

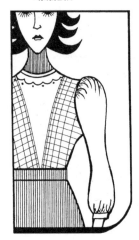

丝瓜袖

波浪连袖

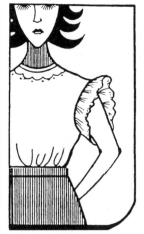

飞边袖

吊带袖

第三节　　上装下摆款式图例

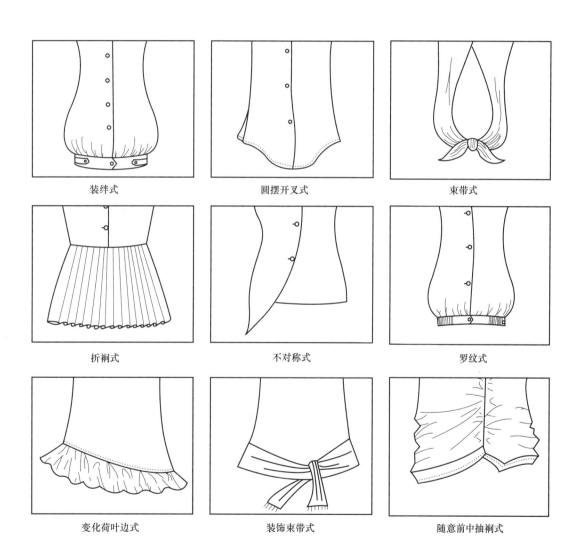

装绊式　　　　　　　　　圆摆开叉式　　　　　　　　束带式

折裥式　　　　　　　　　不对称式　　　　　　　　　罗纹式

变化荷叶边式　　　　　　装饰束带式　　　　　　随意前中抽裥式

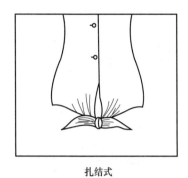

扎结式

波浪式

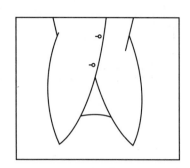

郁金香式

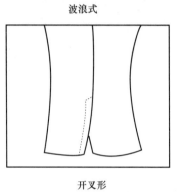

流苏式

开叉形

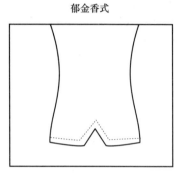

缺角形

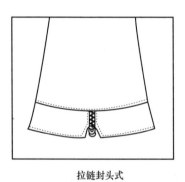

拉链封头式

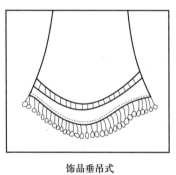

饰品垂吊式

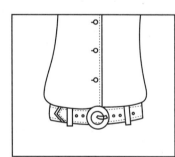

皮带装饰扣式

系腰带式

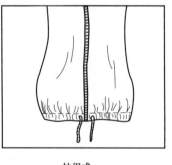

抽绳式

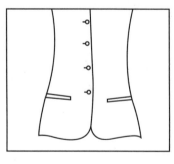

圆弧式

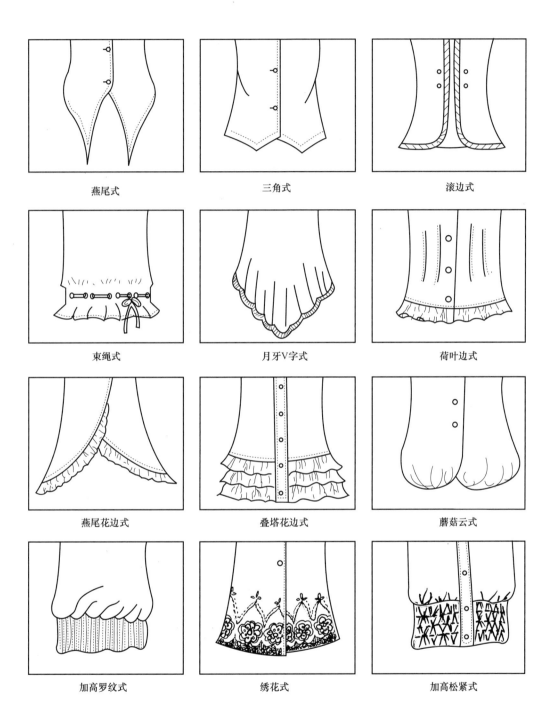

燕尾式　　　　　　　　三角式　　　　　　　　滚边式

束绳式　　　　　　　月牙V字式　　　　　　荷叶边式

燕尾花边式　　　　　叠塔花边式　　　　　　蘑菇云式

加高罗纹式　　　　　　绣花式　　　　　　　加高松紧式

第四节　衬衫克夫款式图例

1. 衬衫克夫款式图例一

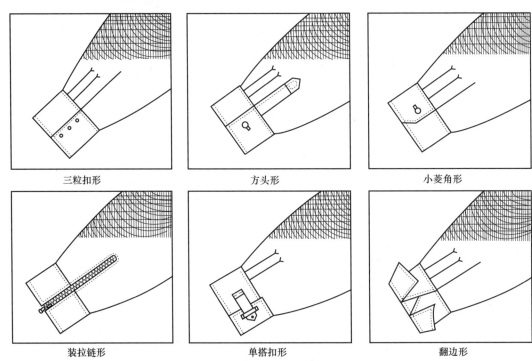

| 三粒扣形 | 方头形 | 小菱角形 |
| 装拉链形 | 单搭扣形 | 翻边形 |

2. 衬衫克夫款式图例二

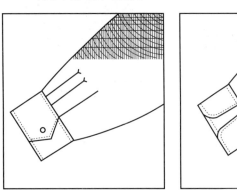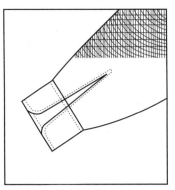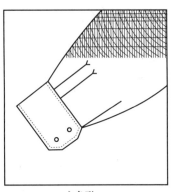

| 三角形 | 贴布开叉形 | 六角形 |

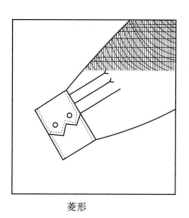

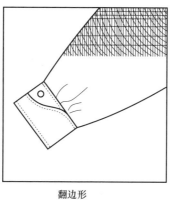

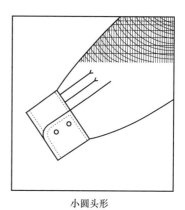

菱形　　　　　　　　　　　　　翻边形　　　　　　　　　　　　　小圆头形

3. 衬衫克夫款式图例三

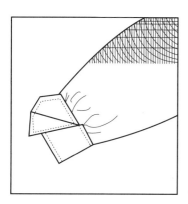

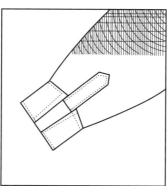

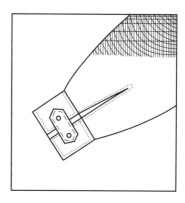

双层翻边形　　　　　　　　　翻边直角形　　　　　　　　　双搭扣形

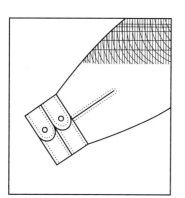

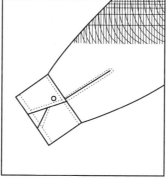

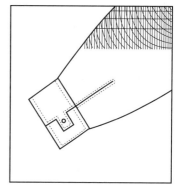

双圆形　　　　　　　　　　　大菱角形　　　　　　　　　　方头形

第五节　裤前袋款式图例

1. 裤前袋款式图例一

斜插袋

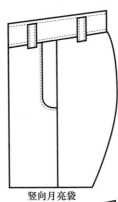

竖向月亮袋

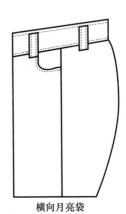

横向月亮袋

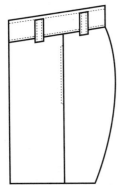

侧缝袋

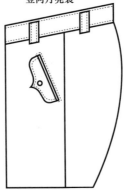

双嵌线袋盖式

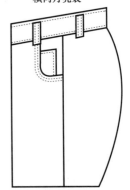

袋中贴袋

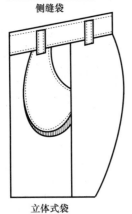

立体式袋

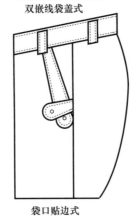

袋口贴边式

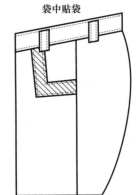

正方式贴边式

2. 裤前袋款式图例二

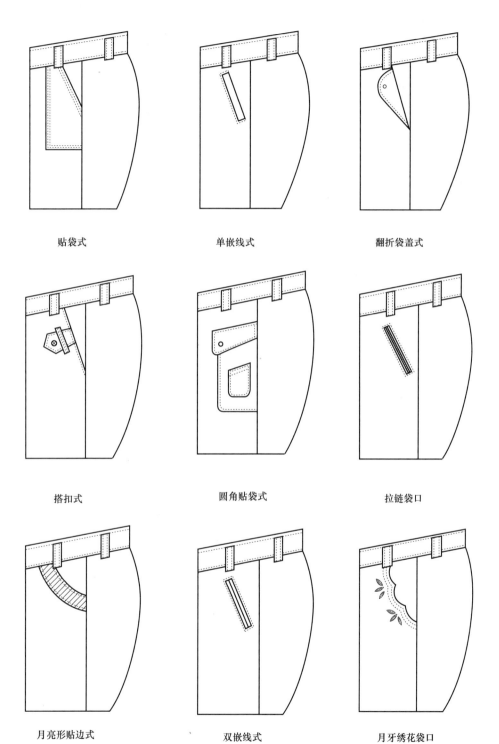

贴袋式　　　　　　　单嵌线式　　　　　　　翻折袋盖式

搭扣式　　　　　　　圆角贴袋式　　　　　　拉链袋口

月亮形贴边式　　　　双嵌线式　　　　　　　月牙绣花袋口

第六节　裤后袋款式图例

裤后袋款式图例一

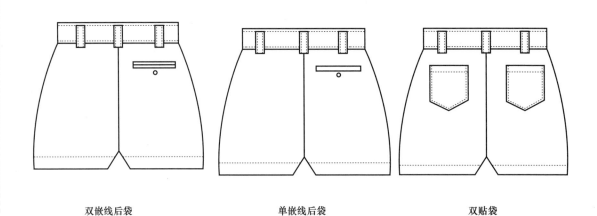

双嵌线后袋　　　　　　单嵌线后袋　　　　　　双贴袋

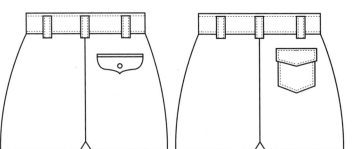
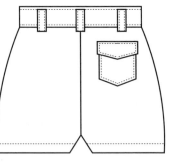
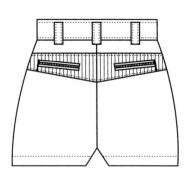

双嵌线有袋盖后袋　　　　有袋盖贴袋　　　　　双拉链后袋

第七节　裤腰款式图例

1. 裤腰款式图例一

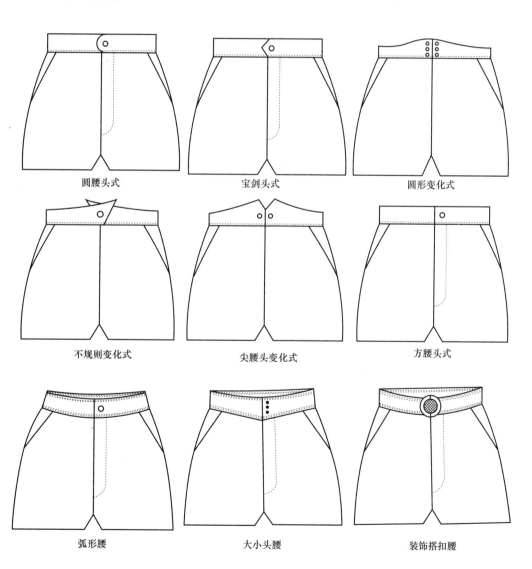

圆腰头式　　　　　　　宝剑头式　　　　　　　圆形变化式

不规则变化式　　　　尖腰头变化式　　　　　方腰头式

弧形腰　　　　　　　大小头腰　　　　　　装饰搭扣腰

2. 裤腰款式图例二

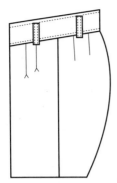

无松紧带腰

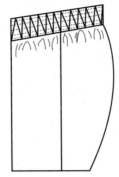

全松紧带腰

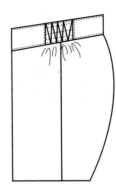

侧缝松紧带腰

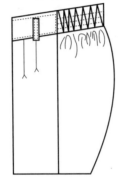

后半松紧带腰

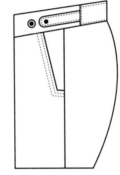

侧搭扣腰

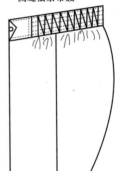

前搭头松紧腰

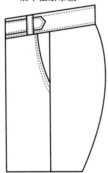

自带皮带式腰

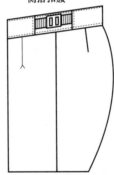

侧缝装饰扣腰

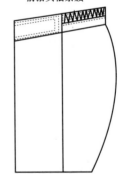

后半上口松紧带腰

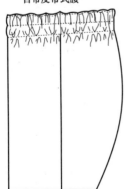

直折松紧带腰

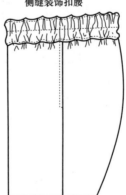

另贴松紧带腰

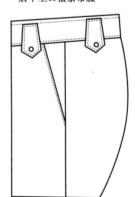

装饰皮带扣腰

第八节　贴袋款式图例

1. 贴袋款式图例一

2. 贴袋款式图例二

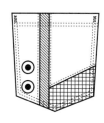 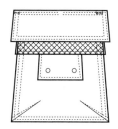 

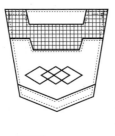
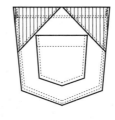
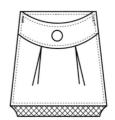

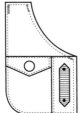
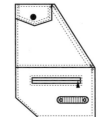
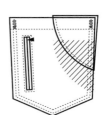

3. 贴袋款式图例三

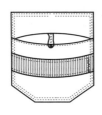
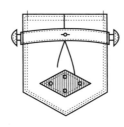
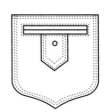

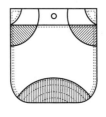
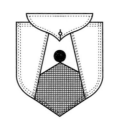
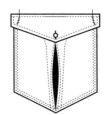

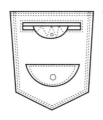
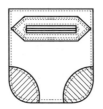
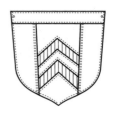

4. 贴袋款式图例四

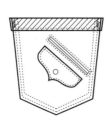
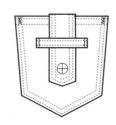
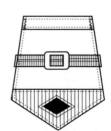

5. 拉链贴袋款式图例五

6. 立体袋款式图例一

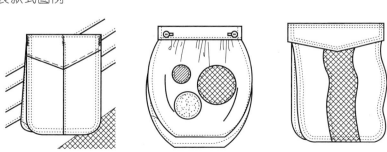

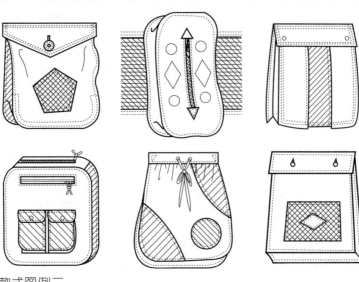

7. 立体袋款式图例二

第九章 缝纫操作工进厂须知和企业管理制度

❋ 第一节　缝纫操作工进厂须知

❋ 第二节　服装企业管理制度

第一节　缝纫操作工进厂须知

 给新员工的寄语

为了能让各位新员工尽快在新环境中成长、独立，以达到做一名合格员工的要求，现提出下列事项，供各位参考。

（1）尽快熟悉工作和生产环境　从现在起，工作将占据你大部分的时间，在完全陌生的环境中熟悉你的工作，所以，你必须充分意识到：人生只有通过努力→吃苦→收获→再努力→再吃苦→再收获，这样一个过程来完成自己的人生理想目标。只有把认真工作的态度与个人的前途发展结合起来，才能一步步实现自己的人生目标，因此，"厂兴我兴"不是一句口号。平时的工作表现、敬业态度决定了自己的前途。平时应接受领导、班长和老师傅的教诲与指导，吃苦耐劳，虚心学习，团结同事，这些是帮助你顺利成为一名合格员工的最基本条件。当然，刚工作时你会觉得工作很辛苦，每天做的事千篇一律，很乏味，但随着工作技术水平的不断提高，随着操作经验的日积月累，你的工作成绩就会慢慢地显现出来，工作乐趣也会随之而产生了。这时，你也就觉得工作有乐趣、生活有目标，对自己的前途充满希望。

（2）遵守工厂纪律和制度，与大家和睦共事　每一个工厂都有一套完整的规章制度，作为一名新员工，严格遵守工厂各项制度非常重要，很多时候工厂所要求的员工是"制度第一，技术第二"。这充分说明，作为一名合格的员工，如不能很好地遵守制度与纪律，技术再好也是不会被重用的。

在工厂环境中，你会与不同年龄、不同性别、不同性格的人在一起工作，建立好同事之间的友好合作关系十分重要。处理好这些关系，首先能使你工作愉快，再苦再累也信心十足地去努力工作，否则你会被复杂的人际关系和流言蜚语所困惑，没有愉快的心情去工作。要与同宿舍的人友好相处，它会给你带来身心愉快。任何时候都不要使自己处在一个孤独寂寞的境界，有时间多和一些投缘的朋友交流，团结友爱，相互帮助。工作或生活有问题也可以找自己的长辈及领导进行交流，及时解决自己的疑惑和困难，让自己每天保持愉快的心情。

（3）注意自己平时的行为表现，给领导和师傅留下一个良好的印象　每一个人的行为表现，都是从点点滴滴开始的，每一个人的行为表现都是在描绘自己的人生蓝图。有时一个小小的行为、动作或许就会在领导心中留下对你的印象。因此，平时的自身行为一定要真诚。无论领导在与不在，行为表现都要一个样；无论师傅在与不在，行为表现也要一个样。坚决做到有利于集体的事多做，不利于集体的事不做；有利于集体和团结的话就说，不利于集体和团结的话就不说。特别是在出货加班时刻，一定要冲在生产第一线，吃苦在前，享受在后。在干好自己的本职工作外，主动去帮助他人完成任务，而不是一个人完成任务后就回去休息，一定要做到任务全部完成后才下班休息。但开始时，也许你的表现会受到周围同事的猜疑或嫉妒，但只要你真诚对待每一件事，真诚对待每一个人，持之以恒你的行为表现总有一天会得到领导与师傅的赞扬与肯定。

（4）利用业余时间，努力学习，不断进取　任何一个工厂都是随着时代的发展而发展的，与时共进、开拓创新才会有新的商机与活力。因此每个工厂的领导都希望自己的员工有努力学习、不断进取的表现，平时尽量把业余学习与提高产品质量和产量结合起来。钻研技术课题，对推动生产力的发展，提高产品质量会起到重要的作用，这无论对集体或个人都是十分有利的。当你攻克了一个技术难关时，当你研究了一种生产方式能提高产品质量时，你的学习也得到了回报，你就会慢慢地被领导重视，直到重用和提升。

做一名合格员工所具备的基本条件

（1）端正态度、虚心请教、不断进取　作为一名新进厂的工人，一定要摆正心态，始终想到自己是一个刚进厂的新工人，许多地方都需要向师傅学习，吃苦耐劳，在吃苦中得到经验与收获。因为一名新进厂的工人会受到周围环境的影响，平时应该虚心向每一位师傅请教，有不懂的地方不要盲目地去做，应先了解清楚后再生产，免得造成次品，给全组造成质量与进度的影响。对自己不熟悉的一些工艺要求，多多请教老师傅，并利用业务时间对有些工艺技术反复练习，直到做到合格与熟练为止。平时要把自己融入小组的大家庭中去，无论质量、产量都不能落后他人，当自己完成任务后，主动帮助他人，不要计较个人报酬，多做别人不愿意做的脏活、苦活，当自己完成任务后，应主动向组长领任务，主动为小组的每个人多做事。只有这样，你才能被小组所接纳；只有这样，你才能得到微笑与真诚，只有这样，你才能用自己的实际行动在小组里得到发展与提高。

（2）尊重领导，尊重师傅　作为一名员工，尊重领导，尊重师傅，这是十分重要的。无论在任何场合都要对领导与师傅有礼貌，平时早上见到领导和师傅时，都要主动先打招呼，说一声"×××经理，早上好"，"×××师傅，早上好"。平时有事向领导汇报时，都要先敲门，待同意后方可入内。遇事都要先说一声"请问……"，特别是有客户在厂时，尊重领导和师傅也是代表一个工厂员工的素质，同时也是给领导心中留下良好印象的机会。

（3）认真做好每道工序，确保质量第一　在生产线中，做好工序的质量，对确保下一道工序的质量起关键作用。作为一名合格的员工，不仅要做好本工序的质量，而且要注意完善和更正上一道工序产品质量不足之处，把一切质量问题清除干净。如果每一位员工把自己的生产工序质量做到100%合格，那么整个服装产品质量就会得到100%的合格保证。

（4）团结同事，主动参加集体活动　与同事和睦相处是十分重要的，千万不要让自己在小组里处于孤单的地步。要能与大家和睦共事、团结友好，首先自己要有奉献精神，有愿为他人做事的心态。平时如看到哪位同事身体不适，应主动嘘寒问暖，有能力时，也可以给他带些药品以表关怀。碰到哪位同事结婚，应与大家一起前去庆贺。发现哪位同事生病住院，应与大家一起前往看望，并送上一份水果或礼金。这样，你在小组里就渐渐有人缘关系，你就成为集体中的一员了，今后当你遇到困难，大家也会一起帮助你，支持你。

（5）制度第一，技术第二　作为一名员工，遵守制度是十分重要的，每一个工厂都需要有素质的员工。如果一个员工连制度都不能遵守，再好的技术，领导也不会重用他。所以，作为一名员工，平时要做到遵守纪律与制度。上班不迟到，不早退，无事不请假，对领导交给的任务，做到不折不扣的完成。对任何突击性的加班，毫无怨言，尽一切努力保质保量把任务完成好。

（6）如做错了产品，应主动说一声"对不起，下次我会做好的"　在进入流水线时，会对一些新的工艺产品理解不够，不免有些回修。如果在生产过程中，出现了所做产品不合格现象，应主动与组长或师傅说一声"对不起，下次我一定会做好的"。并虚心请教老师傅，取得他们的谅解与帮助，对新工艺进行分析理解，以最快的速度掌握正确的缝纫工艺，使产品质量保证达到客户要求。如果自己平时对所做的不合格产品没有一个正确的认识，不求助于老师傅的帮助，你的产品质量永远也达不到技术标准，久而久之，你在小组生产流水线中就失去了一定的位置。请记住：任何一个生产小组每天都是有生产指标的，所以你必须要认识自己的能力，不断提高自己的能力。如果你的技术标准达不到一定的技术水平，不能完成生产任务，你将会面临被淘汰的危险，所以进入生产流水线后，尽快掌握实际操作技术的能力至关重要。

（7）刚进厂时不要计较工资的多少，奋力学习技术，树立远大目标　作为一个刚进厂的员工，一定要把眼光放远一点。刚开始的几个月里不必计较报酬是多少，而是尽快熟练工厂的工艺特点、生产速度，勤奋努力3～5个月，你就能成为一个熟练生产线工人了。当你看到一些老师傅能拿到很高工资时，此时你也不必心急，毕竟老师傅是经过几十年磨练才达到现在的技术水平和操作速度。你只要以此为目标，相信不远的将来你也会成为熟练的老师傅。最可怕的是，当你到一个工厂后，不去认识和熟悉环境，不刻苦钻研技术，工作几天又换另一个工厂。因为每个工厂的情况不同，有些方面这个厂好，有些方面那个厂好，总不能让自己各方面都满足。一年换几个工厂，最终是工资没拿到，技术没学扎实，目标无法实现。作为一名新工人，摆正心态，一步步稳健发展十分重要。

（8）安全生产，爱护设备　安全第一，这是每个工厂的头等大事。作为一名新工人，一定要严格遵守厂里的安全操作制度。在使用任何一个设备前，一定要在老师傅的指导下进行操作，千万不能擅自动手操作，以免造成危害身体和损坏设备的现象。如发生这样的事情，对本人、对工厂都是十分无利的。有时生产要出货，就是因为设备损坏了而直接影响了产品交货期，给工厂造成损失。有时因为盲目的操作行为，给自己的身体留下终身残疾，影响一辈子的前途与生活。这样的代价是很大的，也是不值得的。所以，作为一名员工要时刻牢记"安全为了生产，生产必须安全"的警句。另一方面，爱护自己使用的设备，严格按照操作规章进行维护和保养，发现零部件散落，应及时拾起交给维修人员；发现机器有异常响声，立即关机，应及时找维修人员或小组长，在没有得到维修前千万不能擅自开机操作，如需开机首先要得到小组长或老师傅同意以免产生更大的危险及损失。记住：小的故障不处理好，就会出现大的故障，这样就会直接影响了生产进度和产品质量。有时因为一个安全事故会影响你一辈子的前途与命运。

第二节　服装企业管理制度

一　缝纫操作工岗位责任制度

一般服装企业缝纫车间是流水生产线，流水线中的成品质量是整个产品质量的中心。认真执行工艺标准是完成整个流水生产的重要保证，因此缝纫操作工及车间所有人员必须严格执行如下生产岗位责任制度。

（1）任何一位缝纫操作工在投产前必须熟悉本批服装的规格要求、技术标准、工艺操作要求等。在进行工艺技术课时要仔细听、用心记。特别要牢记本工序各项要求，同时也要熟悉上、下工序的工艺要求，如有不懂之处一定要及时提问，在没有清楚各项要求前不准投产。

（2）严格按工艺单要求进行生产，对违反工艺操作要求而发生的质量差错事故，应及时回修，以确保产品的合格率。

（3）认真执行质量检验标准，严格按标准要求进行生产，组长应时常对本工序的质量要求进行自查，对上道工序的质量应严格把关。及时与各工序进行沟通，如因本工序没有把关而发生质量事故，由本工序负责承担返修责任和经济损失责任。

（4）小组要求对返修产品做到随退随修不准过夜，不能影响后道工序的整体搭配包装，对不及时返修的要给予相应的经济处罚，对拒绝返修的视情节轻重按企业相关制度进行违纪处罚和经济处罚。

（5）严格按包生产，按顺序号生产，要求数字准确。分包时以尺码或颜色为单位分包扎，尤其是对辅件，如对领子、袋子、袋盖、克夫等应严格扎牢、包紧，防止因错、散、脱落发生差错事故而影响生产进度。下道工序对上道工序移交的半成品数量要验收，未经验收而发生数量短少的由本工序负责。经验数发现短少的由上道工序负责，因交接不清而造成的差错由当事人负责，任何一道交接工序均要有当事人签字。

（6）缝纫操作工应严格执行换片制度，因为这项工作对确保产品质量很重要。所需的一切换片，均由组长直接向指定裁剪人员调换剪配，以次换好，并认真填写记录，记录内容一般有日期、组别、姓名、类别、原因、布别色号、换片工作及经办人等。换片原因应详细记载以便落实责任，如因本工序责任所发生的换片问题，不得隐瞒，若故意隐瞒使不合格产品流入后道工序，由此而造成质量事故均由当事人承担一切责任。

（7）对本品工序名称、包号、数量要填写准确，清楚易懂，便于核查。如果造成错包、乱包、色差等质量问题均由当事者承担由此所产生的质量责任和经济损失。

（8）每位缝纫操作工应努力完成和超额完成生产任务，把企业利益放在第一位，每个员工应树立先集体、后个人的人生思想，时刻牢记"今天工作不努力，明天努力找工作"的社会哲理。平时工作中服从分配，不挑工种和工序。在生产过程中，为保证大组指标的完成应服从组长的调度。在订单突击时，更应主动协助组长完成调度工作，对不服从调度、工作态度恶劣的员工应按企业有关制度处理。

（9）安全是每个企业的头等大事，每位缝纫操作工一定要做到安全第一，并保证做到如下安全生产工作。

① 缝纫操作工在规定的时间以外，不准单独开车，不准单独开熨斗。

② 任何人任何时候，在生产车间不准代开熨斗进行预热。

③ 缝纫操作工应做到人在开机、人离关机的良好习惯，节约用电，安全用电。

④ 严格执行下班后各班组熨斗集中放置到安全位置的规定。

⑤ 缝纫操作工应加强设备保养，做到勤加油、少加油、不滴油，坚持擦车制度，保证设备正常运转、整洁润滑。对临时性不用的设备必须罩盖布，安全、清洁地保管。

（10）加强文明生产，每位缝纫操作工必须做到以下几点。

① 生产时集中精力，不说废话，不聊家常，团结友爱，相互帮助。

② 生产时衣片不落地，衣篓不乱放。

③ 生产时布角不落地，成品不乱堆。

④ 生产时散线不乱抛，线芯不乱丢。

⑤ 坚决做到食物不进车间，杂物不放衣篓。

⑥ 严禁任何一名员工将私活带到车间加工，发现后按企业规定严肃处理。

⑦ 生产过程中如有违反企业制度者，按企业有关规定处理。

 ## 缝纫产品质量管理制度

（1）作为一名缝纫操作工，认真执行企业产品质量管理制度非常重要，一个企业的产品质量是企业的生命线，质量的好坏关系到企业的发展前途。企业的各级管理人员和生产操作工人应视质量如生命，必须坚持质量第一的方针，贯彻执行以预防为主、防检结合的路线，实行全面质量管理制度，科学与实践相结合，并要把好质量关，摆正质量与产量的关系，为客户提供更好更多的优秀产品和信誉，为企业增加更多的经济效益。

（2）每位缝纫操作工必须在思想上重视每批生产的产品质量，在工序操作上严格控制，为企业生产出更多优质的产品。

（3）企业质量按照产品、工艺单规定的有关技术文件、客供制造单，从原辅料进厂到产品出厂，都要严格要求，切实做到不合格原料不投产、不合格产品不出厂。

（4）提高检验人员的识别能力和业务技术水平。在正式投产前，应召开检验员会议，统一检验标准，熟悉合同中的工艺要求，做好重点工序安排工作，对客户提出的特殊要求应特殊对待、认真执行。

（5）重视对每批合同投产后的首件产品鉴定。应对照样品及工艺记录，落实到生产班组，以达到成批生产产品的质量要求，确保大生产的质量。

（6）每月按周期进行产品质量检查，统计出各组的产品优劣，用数据表示出来。

（7）在每批产品出厂前，应按检验规定抽箱检验，不合格的产品要进行返修，并用数据表示出来，保证每箱产品达到工艺标准后方可出厂。

（8）生产过程中，坚决将事故责任追踪落实到车间、班组、个人，根据有关规定和奖惩制度，对产品质量合格率较高者及时给予奖励，对产品质量合格率较低者，按企业规定进行帮助教育。

（9）各级人员必须严格执行质量标准化制度，遵章办事，如弄虚作假、错验、漏验均由当事者负责。

（10）每批产品完成后，必须要召开一次产品质量分析会，认真做好质量分析和不良品统一分析，总结产品管理经验教训，以不断提高产品质量，完善工艺流程，使企业的产品质量得到提升。

 ## 员工安全卫生制度

（1）企业每位员工一定要牢记"安全第一"的生产操作准则，时刻遵守"安全为了生产、生产必须安全"的方针。

（2）每位员工在上岗前一定要认真学习和了解企业所规定的安全制度和安全准则。上岗前一定要服从指导，听从师傅的指导。熟记所使用设备的方法与步骤，在没有完全了解的情况下不要擅自开动机器，待全面了解机器性能后方可开动机器，以免造成损失与安全危险。

（3）缝纫操作工在第一次上机操作时一定要有指导师傅在场，自己要沉着冷静，记牢操作方法与顺序，发现不了解之处，应当场请教指导师傅，决不能盲目自行操作，以免造成损失与安全危险。

（4）操作过程中发现机器有异常情况或零部件脱落应及时关掉电源开关，将脱落的零部件拾起，交给师傅处理，待故障解除后方可继续正常操作生产。

（5）缝纫操作工任何时候离开机台一定要做到随手关机。

（6）缝纫操作工应主动认真参加企业组织的每一次安全教育课。

（7）遵守企业卫生制度，每天上岗前按要求穿好工作服。

（8）进入生产车间一定要按规定换鞋，不换鞋者不可进入车间。

（9）缝纫操作工在开机前应做好机台及四周的环境卫生工作。

（10）缝纫操作工应该做好个人清洁卫生，勤洗手，勤剪指甲，勤洗澡，勤换衣服，确保产品清洁，避免人为原因给产品带来二次污染。

（11）任何人不可带任何食品到生产车间，不可在车间和生产区吃零食和饮料，以免影响产品的清洁。

（12）如有违反上述制度者，按企业有关制度处理。

四　员工考勤制度

（1）全体员工必须严格按企业规定的时间上下班，认真做到不迟到、不早退、不无故旷工。员工的休息时间按公司规定而定。因订单交期问题不能正常安排休息日时，由企业另行安排并及时通知。

（2）全体员工上下班均需本人亲自签到或自动打卡，任何人不得代替他人或由他人代替签到，违反此条款规定者，按企业制度对当事人均给予一定的经济处罚。

（3）进出厂门一定要佩戴工号牌，在企业出入处一定要配合保安人员的正常检查，对每天检查发现的情况应及时报告相关部门处理。

（4）员工一般请假半天以内由班组长批准，请假一天以内由车间主任批准。请假超过一天的均由厂长室批准。任何员工有事须提前请假，个别特殊情况除外，但也应尽量通过电话请假，以便提前安排生产流水线人员调度。

（5）因生病请假者要缴纳正规医院出具的病假证明书，如紧急情况需住院治疗者，应及时电话请假，待后再补交病假证明书。

（6）每一位员工婚假、产假、丧假均按国家规定的有关政策执行。

（7）员工无故旷工3天以上、未办理请假手续者，按企业有关规定给予相应的处理，情节严重者给予辞退。

（8）员工在一个月内请假超过一次者，扣除当月的满勤奖。

五　设备使用及维护制度

（1）企业里的每位员工要认真执行企业设备的维护制度，作为企业的主人，珍惜和维护好企业设备就像维护好自己的眼睛一样重要。使用和维护好自己使用的设备是一名合格的员工所必需的基本素质。

（2）缝纫操作工在上班前和下班后要认真检查设备，擦拭设备。检查设备的油路、电路、开关，检查设备在运转中有无异声，发现情况及时关机，并立即向组长汇报。

（3）缝纫操作工应保持机台整齐、清洁、润滑、安全，并按要求做好各项保养工作，严禁任意拆卸设备装置和零部件，平时工作中发现零部件脱落应及时拾起，交给组长。

（4）备件领用一律以旧换新，并由组长填写使用部门领料单，特殊零部件应由有关部门领导批准后方可领用。

（5）一定要严格遵守有关机针的使用制度，每根断针一定拼完整后方可拿到有关部门领取新针使用，以免断针遗漏在成衣中，而造成客户的经济索赔。

（6）每位缝纫操作工要树立科学的现代化企业技术思想，不断提高技术素质与品德修养，熟知掌握设备的操作规程，要做到管好、用好、检查好、保养好自己使用的设备。

（7）如发现有故意损坏企业的设备者，应及时向企业领导汇报，并按企业的有关规定来处理。

六 员工食堂用餐制度

（1）每位员工应按企业规定的时间段到食堂用餐。

（2）每位员工用餐时，一定要凭企业所发的用餐券领取饭菜。

（3）用餐领取饭菜时一定要排队，不要插队，以免菜汤沾到他人身上。要做到文明用餐，礼貌用餐。

（4）养成珍惜每一粒米的良好习惯。在用餐时一般米饭由本人自己领取，尽量做到领取多少食用多少，不要浪费粮食。

（5）用餐时不要大声喧哗，如需要与其他人交流应低声细语，以免影响他人用餐。

（6）不要将用餐的肉骨、鱼骨随便乱吐乱放，应集中放置在饭盘的空格中，以便用好餐后及时倒入废物桶中。

（7）保持餐桌面的干净、卫生，以方便其他人使用。

（8）不允许在用餐完之后，再次领取米饭带出厂区食用。

（9）如有工作变动，一定要向后勤部门交回餐具和餐票。

（10）员工用餐时如有违反企业制度者，按企业有关制度处理。

七 员工宿舍的管理制度

（1）员工要求住宿由本人提出申请，经有关部门批准后统一安排住宿，经安排的住宿，不得擅自更换床位。

（2）对宿舍内的公共设施与用品，住宿人员必须爱护。不能擅自拿出宿舍，如有损坏，请有关部门及时修理；如有遗失，必须查明原因，按制度处理。

（3）宿舍内主要注意安全第一，严禁吸烟，严禁在宿舍内使用电炒锅、电饭锅、电炉等。

（4）保持宿舍内外的清洁卫生，不随地吐痰，不乱丢果皮、纸屑、烟头等。

（5）爱护公共财物，节约用电，节约用水，对损坏公物和浪费水、电的现象及时予以制止和劝阻，对不听劝阻者应及时向有关部门汇报。

（6）讲文明讲礼貌，不随地大小便，不从楼上抛扔垃圾、杂物和倒脏水。不准乱贴字画，不准弄脏和乱涂墙壁，保持宿舍内的清洁卫生。

（7）每位住宿员工应养成安全第一的原则，时刻注意生产安全和生活安全。禁止私自安装电器和乱拉乱接电源线，预防火灾。严禁在宿舍内燃放烟花爆竹。

（8）宿舍区禁止聚赌、打架斗殴，不可带他人进入宿舍及私自留宿，如有特殊情况应及时向领导申请，待批准后方可带外人进入宿舍区，如因没有申请批准发生任何问题均由当事人负责。

（9）自觉维护宿舍区内的宁静，休息时间内不大声播放视听电器、不大声吵闹、不进行有噪声的活动，应顾及大局，以免影响他人休息。

（10）员工应妥善保管钥匙，如丢失及时上报。如有员工退宿，应自觉交还钥匙，做好必要的移交手续。

（11）每位员工应遵纪守法，严格遵守治安管理条例和企业住宿有关规定，自觉维护宿舍区的秩序。如有违反纪律者，按企业有关条款给予处理。

第十章 服装企业招工考试考题实例

服装企业招工考试要求

服装工厂在招收缝纫工时，都要求对新工人进行考试，有的要求缝制一件成衣，如男西裤、男式衬衫、男式西装等。但多数工厂招工考试时是以测试新工人的缝纫基本功为主，如卷边、开袋、贴袋、男式衬衫领等。所以，要被工厂录取，就要有掌握上述技术的能力。平时要多多进行正规基本的练习，练习时一定要手法合理，步骤正确，工艺要求符合标准。拼缝、切线、弧线、贴袋、开袋、卷边都是基本功能练习的重要项目之一。

参加服装工厂招工考试要注意如下情况。

第一，一定对考品的工艺要求认真分析，待理解透彻后，才可以开始操作。切勿盲目操作。以免中途要更正做法，这不仅影响考品质量，也影响考试时间。

第二，缝纫考试时的动作、手法、姿势一定要正确，如双脚放置于踏脚板的位置、双手操作时放置的位置、身体的姿势都是要注意的。

第三，熟悉掌握电动机的操作性能。一定要进行考前试车练习，尽快熟悉平缝机的性能。试车练习时一定要由慢到快，调好针距，调好底面线。

第四，在操作过程中，一定要表现出自己的最佳水平，表现出自己缝纫操作时的最好感觉，并要做到手、眼、脚协调一致。

第五，注意控制好缝纫速度与考试时间。

第六，注意缝纫的步骤与方法，并要保证考品质量。

第七，考试完成后要修清线头，确保考品美观、整洁、无污迹。

 缝纫操作考题实例

1. 缝纫操作考题实例一

（1）技术要求：考品包括圆角袋盖缝制工艺、双嵌线开袋缝制工艺、贴袋缝制工艺、折边缝制工艺等，如图10-1所示。

（2）缝制步骤：做袋盖→开双嵌线袋→双嵌线袋四周切线→装贴袋→装袋盖→大布料四周折边。

（3）注意事项：袋盖圆角对称，切0.1cm、0.6cm双止口线，宽窄一致，止口不反吐；双嵌线开袋，嵌条宽窄一致、平服、两角垂直、不起毛，四周切0.1cm的单止口线；贴袋袋口三折1.5cm，宽

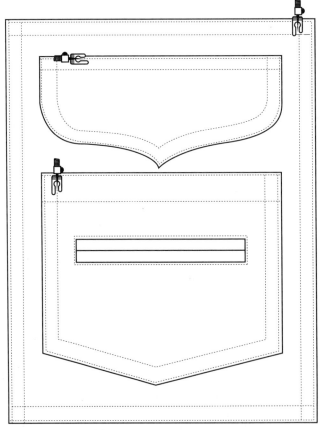

⊞ **图10-1** 缝纫操作考题实例一

窄一致，切 0.1cm、1.5cm 双线，需宽窄一致；装贴袋切 0.1cm、0.6cm 双止口线，位置正确，左右对称一致，袋底倒角缝制到位；大布料四周折边 0.7cm，切 0.1cm、0.6cm 双止口线，平服，宽窄一致。

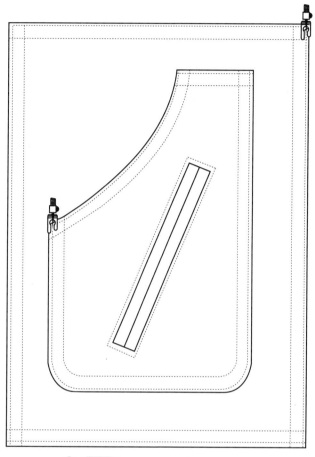

⊞ 图 10-2　缝纫操作考题实例二

2. 缝纫操作考题实例二

（1）技术要求：考品包括贴袋缝制工艺、双嵌线开袋缝制工艺、圆弧卷边缝制工艺、折边缝制工艺等，如图 10-2 所示。

（2）缝制步骤：开双嵌线袋→卷圆弧边→装贴袋→大布料四周折边。

（3）注意事项：双嵌线开袋嵌条宽窄一致、平服、两角垂直、不起毛，四周切 0.1cm 的单止口线；贴袋袋口卷边 0.6cm，正面切 0.1cm，宽窄一致，反面不落针，不起细褶，平服、圆顺、不起浪；装贴袋，切线 0.1cm、0.6cm 双止口线，宽窄一致，位置正确，袋底圆角圆顺对称；大布料四周折边 0.7cm，切 0.1cm、0.6cm 双止口线，平服，宽窄一致。

3. 缝纫操作考题实例三

（1）技术要求：考品主要包括圆角袋盖缝制工艺、双嵌线开袋缝制工艺、贴袋缝制工艺、卷圆弧线缝制工艺等，如图 10-3 所示。

（2）缝制步骤：做袋盖→开双嵌线袋→双嵌线袋四周切线→装贴线→装袋盖→卷大布料圆边→大布料三角切线。

（3）注意事项：袋盖圆角对称、圆顺，切 0.1cm、0.6cm 双止口线，宽窄一致，止口不

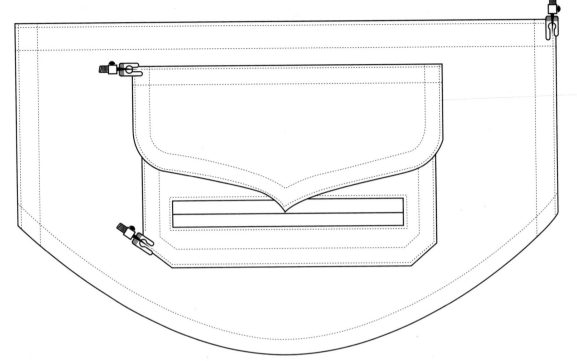

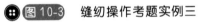

图 10-3　缝纫操作考题实例三

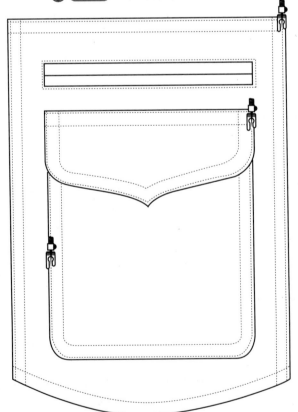

图 10-4　缝纫操作考题实例四

反吐；双嵌线开袋，嵌条宽窄一致，平服、两角垂直；贴袋袋口折边宽窄一致，两角对称一致；大布料折边 0.7cm，切双线 0.1cm、0.6cm，宽窄一致，平服、圆顺、不起浪。

4. 缝纫操作考题实例四

(1) 技术要求：考品包括圆角袋盖缝制工艺、圆角贴袋缝制工艺、双嵌线开袋缝制工艺、圆弧卷边缝制工艺等，如图 10-4 所示。

(2) 缝制步骤：开双嵌线袋→双嵌线袋四周切线→做袋盖→装贴袋→装袋盖→圆弧卷边→大布料折边。

(3) 注意事项：袋盖圆角对称，切 0.1cm、0.6cm 双止口线；双嵌线开袋嵌条宽窄一致、平服、两角垂直、不起毛，四周切 0.1cm 单止口线；贴袋袋口折边 1.5cm，宽窄一致，袋底圆角圆顺对称。装贴袋切 0.1cm、0.6cm 双止口线，位置正确、左右对称；大布料下摆卷边 0.5cm，宽窄一致，反面不落针，不起细裥，平服、圆顺、不起浪；大布料四面折边 0.7cm，切双线 0.1cm、0.6cm，平服、宽窄一致。

5. 缝纫操作考题实例五

(1) 技术要求：考品包括八角形折边缝制工艺、三角形缝制工艺、单止口切线和双止口切线工艺，如图 10-5 所示。

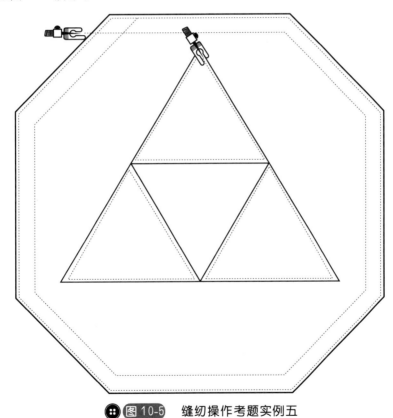

⊞ 图 10-5　缝纫操作考题实例五

(2) 缝制步骤：八角形折边→切 0.2cm 单止口线→切 0.6cm 双止口线→切三角形单止口线。

(3) 注意事项：八个角的折边要到位，并要求做到角的大小一致，注意折边的位置和折边的效果非常重要，同时注意切 0.2cm、0.6cm 双止口线，宽窄一致，不起皱，平服、不起浪。缝制三个小三角的位置正确，切 0.2cm 单止口线平齐。注意三角处尖角到位，不起圆。整体效果不变形。

6. 缝纫操作考题实例六

（1）技术要求：考品主要考核操作者缝制圆弧和半圆角的技能水平（图 10-6）。

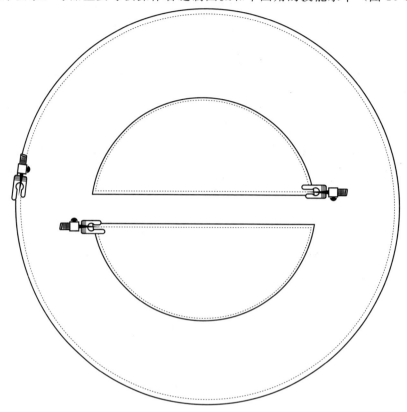

 图 10-6　缝纫操作考题实例六

（2）缝制步骤：大圆弧缝制→居中半圆弧缝制→居中半圆弧缝制。

（3）注意事项：先缝大圆，四周切 0.2cm 单止口线，注意切线宽窄一致。大圆四周平服，不起皱，四周切线不脱落。再缝制中间两只半圆，注意位置居中，四周切 0.2cm 单止口线，注意切线宽窄一致、不脱针、不起翘。整体效果不变形。

三　线迹考题实例

1. 线迹考题实例一

线迹考试，主要观察操作者缝纫的基本直线、回针、直角、弧线。操作者在注意缝纫质量的同时，也要注意操作时间。

图 10-7 所示的线迹在缝制时不要脱线，直角处缝纫到位，回针时不要越过规定距离。

2. 线迹考题实例二

三角形及弧线线迹考试，主要观察操作者缝制三角形的基本功，特别是三角形尖角一针到位的能力。其中弧线和回针也能显现出操作者的技术水平。

图 10-8 所示的线迹在缝制时不要脱线，三角处缝纫到位，回针时不要越过规定距离。

3. 线迹考题实例三

弧线线迹考试，主要是观察操作者缝纫弧线的基本功底，特别是弧度转弯的操作能力与技巧，其中弧度双线更能显现出操作者的技术水平。

图 10-9 所示的弧线线迹在缝纫时要做到弧线中无尖角、不走形、圆顺，双线宽窄一致。

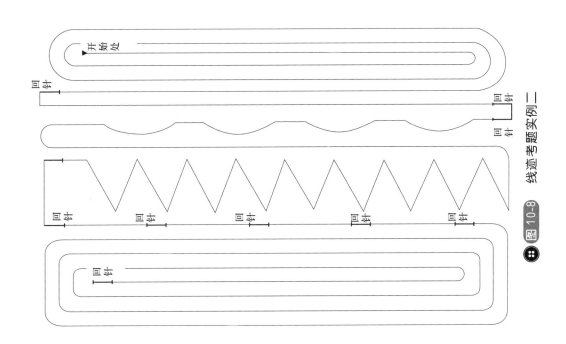

图 10-8 线迹考题实例二

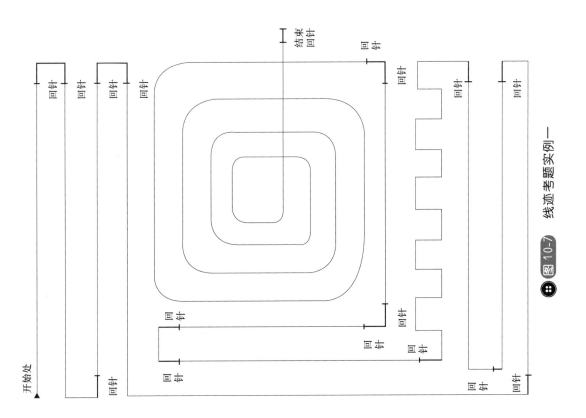

图 10-7 线迹考题实例一

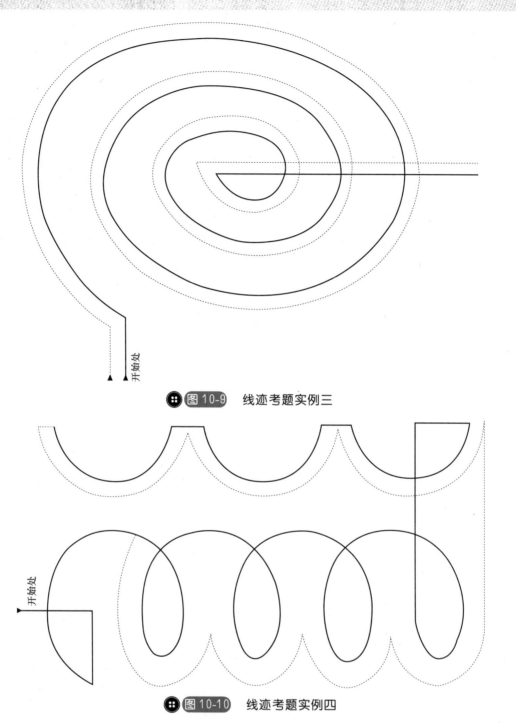

开始处

图 10-9 线迹考题实例三

开始处

图 10-10 线迹考题实例四

4. 线迹考题实例四

弧线线迹考试 主要是观察操作者对弧形缝纫的基本功，特别是弧线交叉、弧线平行、弧线直角的操作能力、连环弧形缝线更能显现出操作者的技术水平。

图 10-10 所示的弧线线迹在缝纫时要做到弧线圆弧、不走形，双线宽窄一致。

附　录　如何排除平缝机一般故障

在缝纫制衣过程中，平缝机可能出现各种故障，如不及时排除就会影响产品质量和生产速度。使用缝纫机时，应当熟悉其性能，掌握容易出现故障的部位和排除的方法，从而快速地解决问题，使其投入正常运转。

　　平缝机一般有如下故障。

 缝纫断线

　　断线是常见的故障，有断面线和断底线两种情况，附表1介绍了断线的故障现象、发生原因及排除的方法。

附表 1　断线的故障现象、发生原因及排除方法

故障现象	发 生 原 因	排 除 方 法
机器启动就断线	(1)起步时误踏了倒车 (2)穿线的次序错误 (3)穿面线时,挑线杆位置太低、线头留得太短或未放在压脚下 (4)机针装反	(1)多练习踏空车 (2)按照穿线步骤重新穿线 (3)应把挑线杆位置拨至最高再穿线,留线头8cm以上,放入压脚下或用右手拉住 (4)按正确装针方法重新装好机针
激烈性断线及突然断线	(1)线已霉烂或过脆 (2)纸芯线或木芯线过满,线缠在了插线钉上 (3)机针或针杆弯曲 (4)压脚偏了 (5)机针紧靠梭床盖擦过 (6)线有结头	(1)换新线 (2)纸芯线可配上特制的塑料线团套,木芯线可下面垫块余布,或先绕两个梭芯再使用 (3)换新机针或校正针杆 (4)校正压脚,使机针从压脚孔中心穿过 (5)用什锦锉刀锉掉一点梭床盖,并用细砂布打光 (6)剪掉结头,重新穿好
断线时线头呈现剥皮状或有发毛现象	(1)机针孔过小或过大 (2)线太粗或粗细不匀 (3)针板眼发毛、粗糙 (4)压脚孔有毛刺 (5)摆梭磨锐或有毛刺 (6)面线太紧	(1)另换新针 (2)另换合适的好线 (3)另换新件或磨光针板眼 (4)用细砂布磨光 (5)用细砂布磨光 (6)适当旋松夹线螺母并调好线迹松紧
断线时面线有激烈性的波动,线头有卷曲现象	(1)梭床未装好,有松动 (2)摆梭与摆梭托之间的间隙太小 (3)梭皮螺丝有毛刺或梭芯套生锈、发毛 (4)梭摆托螺丝有毛刺 (5)梭芯套柄太长或太大 (6)梭门盖长,高于梭皮 (7)梭芯套柄太短,使梭芯套在梭床中滑出倒转 (8)梭门弹簧没有弹力 (9)梭门套未装好,梭门未闭紧 (10)底线用完或已经断了	(1)重新装好梭床 (2)按定位要求装好 (3)用细砂布磨光 (4)用细砂布磨光 (5)把梭芯套柄磨短或磨小一点,并用细砂布磨光 (6)磨掉高出部分或换新梭门盖 (7)换合适的梭芯套 (8)换新弹簧或把此弹簧拉长一点 (9)重新装好梭门套并紧闭梭门 (10)换有线梭芯或重新将底线线头拉出
轧线(面线被摆梭和梭床夹住而断,使得机头显得很重)	(1)起步时误踏了倒车 (2)起缝时未将面线底线头压在压脚下 (3)摆梭和梭床圈生锈 (4)针装反了 (5)挑线凸轮磨损过大 (6)挑线滚柱磨损后变小	(1)多练习踏空车 (2)把线头拉出8cm左右,压在压脚下 (3)把生锈处用细砂布磨光 (4)重新装好机针 (5)换新挑线凸轮 (6)换新挑线滚柱

续表

故障现象	发 生 原 因	排 除 方 法
缝线在前进中,突然"勒勒"一声面线断了	(1)夹线螺丝被磨出深槽 (2)面板线钩或针夹线钩有线槽 (3)摆梭尖头磨钝或尖头已损	(1)用细砂布磨平 (2)换新的或磨平 (3)用油石磨尖、打光
一般性断底线	(1)底线压力太紧 (2)梭芯套的进线口有锐边或毛刺 (3)线已腐霉、发脆或结头 (4)底线经过的摆梭面有锐边或开裂	(1)调松梭皮螺丝,并相应调好面线 (2)用油石或细砂布打光 (3)换好线 (4)换新的或用细砂布打光
用手拉底线时松紧不匀	(1)梭芯套外径不圆,梭芯偏弯或凹凸不平 (2)底线绕得松、乱、不匀或太满	(1)换好的梭芯、梭芯套 (2)重新绕好
底线时断时续	送布牙太锐利	旋松压力螺丝,减小压力
面线、底线同时断	针板眼毛糙,送布牙太锐	用细砂布打光针板眼,减轻压脚压力

 ## 缝纫浮线

浮线也称抛线,形成浮线的原因很多,附表2列举了浮线的常见故障、发生原因及排除的方法。

附表 2 浮线的故障、发生原因及排除方法

故障现象	发 生 原 因	排 除 方 法
浮面线,缝料下面有小线圈,底线为直线	(1)面线压力太小或底线压力太大 (2)挑线弹簧弹力太弱 (3)夹线板不平或有污垢 (4)面线未嵌入夹线板 (5)夹线螺丝起槽 (6)挑线滚柱磨小或挑线凸轮槽体磨损大	(1)旋紧夹线螺母,增大压力或旋松梭皮螺丝,减小压力 (2)调节夹线螺丝,加大挑线簧的压力 (3)推磨平整,清除污垢 (4)把面线夹入夹线板 (5)转换方向或用细砂布打光 (6)换新挑线滚柱或挑线凸轮
浮面线,缝料下面有大长线圈	(1)嵌梭芯套柄的梭床缺口过小或梭芯套柄过长过大 (2)梭芯套粗糙挂线 (3)摆梭与摆梭托之间空隙太小,摆梭位置不对	(1)用油石或砂布磨掉少许,打磨光滑 (2)用细砂布打磨光 (3)按定位要求装好
短针迹不浮线,长针迹就浮线	(1)送布牙走势太快 (2)针板上针孔过小	(1)按定位要求调整送布牙凸轮的位置 (2)用细砂布将针孔磨大一些
底线在缝料上面露出,面线呈直线	(1)底线压力太小或面线压力过大 (2)梭皮内有污垢、线头 (3)底线脱出梭皮 (4)梭皮弹力不足 (5)梭皮或梭芯套被磨出深槽	(1)旋紧梭皮螺丝增加压力或旋松夹线螺母减小压力 (2)清除污垢、线头 (3)重新将底线嵌入,穿过梭皮 (4)将梭皮适当弯曲或换新的 (5)换新梭皮或梭芯套,或用油石、砂布磨去深槽,打光
有时浮面线,有时浮底线	(1)梭芯变形 (2)梭芯套生锈 (3)线粗细不匀 (4)梭皮磨出了槽	(1)换好的梭芯 (2)用细砂布打光 (3)换好线 (4)换新梭皮

三 缝纫跳线

缝线上一些针眼的面线、底线未能连锁构成线迹，这就称跳线。跳线的常见故障、发生原因和解决方法见附表3。

附表3　跳线的故障现象、发生原因及排除方法

故障现象	发 生 原 因	排 除 方 法
引不出底线	(1)底线拉出的线头太短 (2)底线夹在了梭门中	(1)把线头拉出8cm左右 (2)取出梭芯套重新安装
一般跳线	(1)机针弯曲，针尖磨毛 (2)机针线槽偏斜 (3)挑线簧弹力过大 (4)缝厚料时针太细 (5)线粗，针细 (6)面线太紧 (7)压脚压力过小 (8)针杆装得过高 (9)摆梭或梭床磨损 (10)针杆碰弯或磨损 (11)挑线凸轮曲槽或挑线滚柱磨损过多 (12)针板眼太小	(1)换好针 (2)换好针 (3)扭转夹线螺丝减弱压力 (4)换较大规格的机针 (5)根据缝料适当调整 (6)放松面线，适当调整底线 (7)适当加大压力 (8)按定位要求调整针杆位置 (9)换新的摆梭、梭床 (10)敲直或换针杆 (11)换新的挑线凸轮或挑线滚柱 (12)换新针板
一针也不能缝	(1)针杆装得太高或太低 (2)摆梭尖折断了	(1)按定位要求调整针杆 (2)换新摆梭
断针后跳线	针杆碰弯或被抬高	换新针，按要求调整位置
刺绣时跳线	(1)绣布绷得太松 (2)错用粗机针或缝线过粗过硬	(1)注意随时绷紧布料 (2)改用9～11号细针或换绣花线

四 缝纫断针

缝纫设备断针是一种常见的故障，出现断针现象会直接影响产品质量，有时因为断针而给服装部位产生破洞，同时也会把面料纱线刺断，使服装成为疵品。因此，及时解决好断针故障是服装设备维修的一项重要工作。断针的故障现象、发生原因及排除方法见附表4。

附表4　断针的故障现象、发生原因及排除方法

故障现象	发 生 原 因	排 除 方 法
缝厚料时断针	(1)机针太细 (2)缝纫料厚薄悬殊	(1)换较粗的机针 (2)缝至厚处速度放慢
起缝时断针	起缝时拉料用力太大	只需自然带料
中途断针	助拉缝料用力过大、过快	助拉缝料要用力均匀、自然，应与送布牙前进的步调一致
结束时断针	结束时未剪断线就拉缝料	先剪断线再拉
在压脚上断针	压脚位置偏斜或压脚螺丝松动	校正压脚位置，旋紧压脚螺丝
普通断针	(1)针已弯曲 (2)针杆磨损或小连杆松动	(1)更换新针 (2)更换针杆或旋紧小连杆螺丝
连续性断针	(1)机针与针板容针孔边缘相碰 (2)机针与摆梭的配合位置不对 (3)梭床拆过后未装好 (4)送布牙送料过早 (5)压紧杆或压杆导架磨损过多 (6)机针装得过低	(1)校正机针和针板位置 (2)按定位要求校正机针与摆梭的位置 (3)重新正确安装梭床 (4)按定位要求调整送布凸轮位置 (5)换新的压紧杆或压杆导架 (6)向上装到顶

缝纫针距不良

针距情况不好，主要可从送布牙机构和针距机构方面寻找原因，具体请参看附表5。

附表5　针距的故障现象、发生原因及排除方法

故障现象	发生原因	排除方法
缝料不走	(1)压脚装得太高 (2)压脚压力太弱 (3)送布牙太低	(1)按要求调整好 (2)适当调紧调压螺丝 (3)适当抬高送布牙
线迹时长时短	(1)压脚压力较弱 (2)压脚底面不平或销子松动 (3)送布牙齿尖磨平了 (4)针距螺丝未旋紧 (5)针距座已松开或叉滑块磨损	(1)调节调压螺丝，适当增加压力 (2)用细砂布磨平或换新压脚 (3)换新的或用油石磨尖 (4)旋紧针距螺丝 (5)旋紧针距座螺丝或换叉滑块
缝料倒退	送布凸轮位置装错	按定位要求装好
缝衬来回走	送布牙太高	适当放低送布牙
缝料不规则地斜走	(1)送布牙螺丝松动或送布牙装歪 (2)压脚底板不平	(1)旋紧送布牙螺丝或装正送布牙 (2)扭正压脚

 缝料问题

有时正在缝纫的衣料会出现卷曲、皱缩、咬破等现象，形成这些故障的原因及排除方法见附表6。

附表6　缝料方面的故障现象、发生原因及排除方法

故障现象	发生原因	排除方法
缝料皱缩	(1)底线、面线太紧 (2)缝薄料时压脚压力太大 (3)缝线过粗过硬	(1)适当调松底线、面线 (2)旋松调压螺丝，减轻压力 (3)换合适的线
缝料的纤维被切断，反面出现抽丝发毛	机针的针尖磨损或折断	换新针
缝料反面出现一格一格的咬破现象	(1)送布牙太锐太高 (2)压脚压力太大	(1)适当调低送布牙 (2)旋松调压螺丝，减轻压脚压力

 运转问题

运转方面常见故障的发生原因及排除方法见附表7。

附表7　运转中的常见故障、发生原因及排除方法

故障现象	发生原因	排除方法
踏动吃力，声音很响	(1)梭轨内有线头或污垢 (2)针板和送布牙摩擦 (3)摆梭托与梭床轨道或梭床圈摩擦 (4)各转动处的螺丝松动或与机件靠得太近、太紧 (5)久未加油机件干燥或加了植物油	(1)清除线头、污垢 (2)校正送布牙或针板位置 (3)把摆梭托摩擦的一头敲正，但用力不能过大 (4)仔细检查，正确调整，使其既不松动，又能灵活转动 (5)加薄机油或先加煤油，待其转动灵活后再加薄机油

续表

故障现象	发生原因	排除方法
踏得快而转动慢	皮带太长	适当进行距离调整
换配机件后踏动吃力、声响	配件不合适或装配不当	另换标准配件或按要求重新安装
踏动缝纫机时机身、机头剧烈震动	(1)机头未放稳妥 (2)机架未放平 (3)机架螺丝松动	(1)设法垫平 (2)将机架移至平坦处 (3)把机架螺丝旋紧
绕线器失效,有空转现象或绕满线后不能自己弹出	(1)绕线胶圈磨损或脱落 (2)满线跳板簧失灵或折断	(1)更换胶圈 (2)旋紧绕线器调节螺丝或换新的跳板簧